高等职业教育系列教材

数据库技术及应用
——SQL Server 2019

主　编　韦存存　黄崇本
副主编　吴冬燕　葛茜倩
参　编　谭恒松　严良达

机械工业出版社

本书从技术应用的视角，以任务驱动方式展开，系统地阐述 SQL Server 数据库技术及应用的基础知识、基本技能、基本方法。内容包括：数据库创建、数据库应用、数据库维护、数据库设计 4 个能力模块；认识与体验数据库、创建与维护数据库、创建与维护数据表、数据库查询与统计、使用索引与视图、使用存储过程与触发器、数据库安全与维护、数据库设计与实现 8 个教学子模块。按照"做中学"的思路，安排"课堂教学+课堂训练+课外实践"形式的 3 个用例数据库，精心设计 29 个任务帮助读者进行学习和训练。结合 SQL Server 2019 DBMS，以"建库—用库—管库—开发"为主线，阐述数据库的基础知识和基本方法，训练数据库应用的基本技能，培养数据库技术应用能力。

本书可作为高等职业院校的专科和本科计算机类专业及相关专业数据库技术的教材，也可供计算机信息处理工作人员学习和参考。

本书配套电子资源包括微课视频、电子课件、习题解答、源程序等，需要的教师可登录 www.cmpedu.com 免费注册、审核通过后下载，或联系编辑索取（微信：13261377872，电话：010-88379739）。

图书在版编目（CIP）数据

数据库技术及应用：SQL Server 2019 / 韦存存，黄崇本主编. —北京：机械工业出版社，2022.7（2025.1 重印）
高等职业教育系列教材
ISBN 978-7-111-71280-0

Ⅰ. ①数… Ⅱ. ①韦… ②黄… Ⅲ. ①关系数据库系统-高等职业教育-教材 Ⅳ. ①TP311.132.3

中国版本图书馆 CIP 数据核字（2022）第 133722 号

机械工业出版社（北京市百万庄大街 22 号　邮政编码 100037）
策划编辑：李文轶　　责任编辑：李文轶
责任校对：张艳霞　　责任印制：单爱军

北京虎彩文化传播有限公司印刷

2025 年 1 月第 1 版·第 2 次印刷
184mm×260mm · 15.25 印张 · 397 千字
标准书号：ISBN 978-7-111-71280-0
定价：59.90 元

电话服务　　　　　　　　　　　　网络服务
客服电话：010-88361066　　　　　机 工 官 网：www.cmpbook.com
　　　　　010-88379833　　　　　机 工 官 博：weibo.com/cmp1952
　　　　　010-68326294　　　　　金　书　网：www.golden-book.com
封底无防伪标均为盗版　　　　　　机工教育服务网：www.cmpedu.com

Preface 前 言

本书根据高等职业教育的特点和要求，着重培养数据库技术应用能力。本书安排了"CourseDB 学生选课数据库（有 3 张数据表）""BookDB 图书借阅数据库（有 4 张数据表）""HRDB 人力资源数据库（有 5 张数据表）"3 个容易理解的数据库，作为课堂教学、课堂训练、课外实践使用的用例数据库。为此精心设计了 29 个任务进行学习训练，每个任务由"任务描述与知识技能结构图""任务知识准备""任务实施（按子任务形式进行实施）""任务训练与检查"等部分组成。每个子模块设有选择题、填空题、简答题、实践题等课外作业。

1. 本书特色

（1）合理组织学习内容。

本书结合 SQL Server 2019 DBMS，以"建库—用库—管库—开发"为主线，围绕数据库及对象的创建和操作、数据库的查询与处理、数据库的管理与维护、数据库的设计与实现 4 个方面。既呈现了数据库技术及应用的整体框架，又突出了数据库技术的基本知识、基本技能及基本方法。

（2）精心设计学习任务。

本书根据 SQL Server 数据库技术及应用的知识点和技能点的教学要求，精心设计每一个学习任务，融数据库关键技术和主要知识于一体。每个任务通过任务描述、任务准备、任务实施、任务训练等环节进行教与学。任务描述是明确任务要求和相关知识点、技能点，任务准备是给出任务实施要用到的必要知识和方法，任务实施主要是按子任务形式进行学习和练习，任务训练是结合相应数据库进行独立训练与研讨。本书是基于工作任务单式的新形态教材。

（3）合理安排学习过程。

本书充分体现"做中学"的思想，明确学习任务和要求，结合 CourseDB 学生选课数据库（有 3 张数据表），在任务实施中训练；结合 BookDB 图书借阅数据库（有 4 张数据表），可独自进行课堂实践训练；结合 HRDB 人力资源数据库（有 5 张数据表），可进行课外综合训练等。形成"随堂训练+课内独自训练+课外强化训练"的技能训练体系，学生可结合自身实际，安排学习进程，提高学习的有效性。

2. 本书内容

本书分为 4 个能力模块、8 个教学子模块、29 个学习任务，适合 80 课时的教学使用，具体内容如下表所列。

以本书为教材的课程的教学安排

模块	序号	子模块	任务	参考课时
模块1 数据库创建	1	认识与体验数据库	认识数据库 安装和体验 SQL Server 2019	2
	2	创建与维护数据库	认知 SQL Server 2019 数据库 创建数据库 维护数据库 分离与附加数据库	6
	3	创建与维护数据表	认知 SQL Server 2019 数据表 创建与维护数据表 设置数据表的完整性 更新数据表的数据	7
模块2 数据库应用	4	数据库查询与统计	认知关系运算与 SELECT 语句 简单查询 统计查询 连接查询 子查询	9
	5	使用索引与视图	创建与使用索引 创建与使用视图	8
	6	使用存储过程与触发器	T-SQL 编程 创建与执行存储过程 创建与激活触发器	12
模块3 数据库维护	7	数据库安全与维护	认知 SQL Server 2019 的安全等级 身份验证模式与登录 数据库用户管理 权限设置与角色管理 数据库备份与还原	20
模块4 数据库设计	8	数据库设计与实现	数据库需求分析 数据库概念结构设计 数据库逻辑结构设计 数据库系统实现	16
合 计				80

本书是国家级精品资源共享课的配套教材，配有微课视频、电子课件、源代码等资源。读者可以登录机械工业出版社教育服务网 www.cmpedu.com 免费注册后下载，或联系编辑索取（微信：13261377872，电话：010-88379871）。读者可登录"爱课程"网站，在搜索栏中输入"数据库技术与应用"，选择浙江工商职业技术学院黄崇本老师的这门课，进行在线学习。

本书可作为高等职业院校的专科和本科计算机类专业及相关专业数据库技术的教材，也可供计算机信息处理工作人员学习和参考。

本书由韦存存、黄崇本任主编，吴冬燕、葛茜倩任副主编，严良达和谭恒松参与编写。子模块1、2、3由黄崇本编写并对全书进行统稿，子模块4由谭恒松编写，子模块5由严良达编写，子模块6由葛茜倩编写，子模块7由吴冬燕编写，子模块8由韦存存编写。

由于编者水平有限，加上时间仓促，书中不妥之处恳请读者批评、指正。

编 者

目 录 Contents

前言

模块 1 数据库创建

子模块 1 认识与体验数据库 ········· 2

任务 1.1 认识数据库 ················· 2
   1.1.1 数据库系统 ················ 4
   1.1.2 关系数据库 ················ 6
任务 1.2 安装和体验
        SQL Server 2019 ········ 8
   1.2.1 SQL Server 2019 系统安装 ······ 10
   1.2.2 SQL Server 2019 系统配置 ······ 13
   1.2.3 SQL Server 2019 集成管理工具 ··· 15
小结 ································· 16
课外作业 ····························· 17

子模块 2 创建与维护数据库 ········· 19

任务 2.1 认知 SQL Server 2019
        数据库 ················· 19
   2.1.1 数据库文件与文件组 ·········· 21
   2.1.2 系统数据库 ················ 22
   2.1.3 用例数据库 ················ 22
任务 2.2 创建数据库 ················· 23
   2.2.1 任务知识准备 ·············· 25
   2.2.2 SSMS 方式创建数据库 ········· 27
   2.2.3 T-SQL 语句创建数据库 ········ 28
   2.2.4 任务训练与检查 ············ 31
任务 2.3 维护数据库 ················· 31
   2.3.1 任务知识准备 ·············· 33
   2.3.2 查看数据库 ················ 34
   2.3.3 修改数据库 ················ 34
   2.3.4 删除数据库 ················ 35
   2.3.5 任务训练与检查 ············ 36
任务 2.4 分离与附加数据库 ··········· 36
   2.4.1 任务知识准备 ·············· 38
   2.4.2 分离数据库 ················ 38
   2.4.3 附加数据库 ················ 39
   2.4.4 任务训练与检查 ············ 40
小结 ································· 40
课外作业 ····························· 40

子模块 3　创建与维护数据表 ································ 43

任务 3.1　认知 SQL Server 2019 数据表 ·············· 43
- 3.1.1　数据表的结构 ················ 45
- 3.1.2　常用数据类型 ················ 46

任务 3.2　创建与维护数据表 ····· 48
- 3.2.1　任务知识准备 ················ 50
- 3.2.2　用 SSMS 方式创建数据表 ···· 51
- 3.2.3　用 T-SQL 语句创建数据表 ··· 52
- 3.2.4　修改表结构 ···················· 54
- 3.2.5　删除数据表 ···················· 55
- 3.2.6　查看表信息 ···················· 56
- 3.2.7　任务训练与检查 ············· 57

任务 3.3　设置数据表的完整性 ··· 58
- 3.3.1　任务知识准备 ················ 60
- 3.3.2　设置与删除主键约束 ········· 62
- 3.3.3　设置与维护唯一性约束 ······ 63
- 3.3.4　设置与维护默认约束 ········· 65
- 3.3.5　设置与维护检查约束 ········· 66
- 3.3.6　设置与维护外键约束 ········· 68
- 3.3.7　任务训练与检查 ············· 72

任务 3.4　更新数据表的数据 ····· 72
- 3.4.1　任务知识准备 ················ 75
- 3.4.2　添加记录 ······················ 76
- 3.4.3　修改表中记录 ················ 78
- 3.4.4　删除表中记录 ················ 78
- 3.4.5　任务训练与检查 ············· 79

小结 ································ 80
课外作业 ························· 81

模块 2　数据库应用

子模块 4　数据库查询与统计 ································ 85

任务 4.1　认知关系运算与 SELECT 语句 ············· 85
- 4.1.1　关系运算 ······················ 87
- 4.1.2　SELECT 语句 ················ 89

任务 4.2　简单查询 ················ 90
- 4.2.1　任务知识准备 ················ 92
- 4.2.2　投影查询 ······················ 94
- 4.2.3　选择查询 ······················ 95
- 4.2.4　排序查询 ······················ 97
- 4.2.5　任务训练与检查 ············· 98

任务 4.3　统计查询 ················ 99
- 4.3.1　任务知识准备 ················ 100
- 4.3.2　聚合函数的使用 ·············· 101
- 4.3.3　GROUP BY 子句的使用 ····· 103
- 4.3.4　HAVING 子句的使用 ········ 103
- 4.3.5　任务训练与检查 ············· 104

任务 4.4　连接查询 ················ 104
- 4.4.1　任务知识准备 ················ 106
- 4.4.2　谓词连接查询 ················ 107
- 4.4.3　内连接查询 ··················· 108
- 4.4.4　外连接查询 ··················· 108
- 4.4.5　自连接查询 ··················· 109
- 4.4.6　任务训练与检查 ············· 110

任务 4.5　子查询 ·········· 110	4.5.5　任务训练与检查 ·········· 115

- 4.5.1　任务知识准备 ·········· 112
- 4.5.2　IN 子查询 ·········· 113
- 4.5.3　比较子查询 ·········· 113
- 4.5.4　EXISTS 子查询 ·········· 114

小结 ·········· 115

课外作业 ·········· 115

子模块 5　使用索引与视图 ·········· 117

任务 5.1　创建与使用索引 ·········· 117

- 5.1.1　任务准备知识 ·········· 119
- 5.1.2　创建索引 ·········· 120
- 5.1.3　维护索引 ·········· 122
- 5.1.4　删除索引 ·········· 123
- 5.1.5　任务训练与检查 ·········· 124

任务 5.2　创建与使用视图 ·········· 125

- 5.2.1　任务准备知识 ·········· 127
- 5.2.2　创建视图 ·········· 128
- 5.2.3　维护视图 ·········· 129
- 5.2.4　使用视图 ·········· 131
- 5.2.5　任务训练与检查 ·········· 132

小结 ·········· 132

课外作业 ·········· 133

子模块 6　使用存储过程与触发器 ·········· 134

任务 6.1　T-SQL 编程 ·········· 134

- 6.1.1　任务知识准备 ·········· 136
- 6.1.2　简单 T-SQL 编程 ·········· 139
- 6.1.3　带逻辑结构的 T-SQL 编程 ·········· 140
- 6.1.4　任务训练与检查 ·········· 142

任务 6.2　创建与执行存储过程 ·········· 142

- 6.2.1　任务知识准备 ·········· 144
- 6.2.2　创建与执行存储过程 ·········· 146
- 6.2.3　查看与维护存储过程 ·········· 148
- 6.2.4　任务训练与检查 ·········· 151

任务 6.3　创建与激活触发器 ·········· 152

- 6.3.1　任务知识准备 ·········· 154
- 6.3.2　创建与执行触发器 ·········· 155
- 6.3.3　查看与维护触发器 ·········· 157
- 6.3.4　任务训练与检查 ·········· 158

小结 ·········· 159

课外作业 ·········· 159

模块 3　数据库维护

子模块 7　数据库安全与维护 ·········· 162

任务 7.1　认知 SQL Server 2019 的安全等级 ·········· 162

- 7.1.1　SQL Server 2019 的安全等级 ·········· 164
- 7.1.2　SQL Server 2019 的安全控制 ·········· 165

任务 7.2 身份验证模式与登录 ……… 165

- 7.2.1 任务知识准备 ……… 167
- 7.2.2 创建 Windows 登录账户 ……… 169
- 7.2.3 创建 SQL Server 登录账户 ……… 170
- 7.2.4 维护 SQL Server 登录账户 ……… 172
- 7.2.5 任务训练与检查 ……… 173

任务 7.3 数据库用户管理 ……… 174

- 7.3.1 任务知识准备 ……… 175
- 7.3.2 创建数据库用户 ……… 176
- 7.3.3 维护数据库用户 ……… 177
- 7.3.4 任务训练与检查 ……… 179

任务 7.4 权限设置与角色管理 ……… 179

- 7.4.1 任务知识准备 ……… 181
- 7.4.2 权限设置 ……… 183
- 7.4.3 角色管理 ……… 185
- 7.4.4 任务训练与检查 ……… 187

任务 7.5 数据库备份与还原 ……… 188

- 7.5.1 任务知识准备 ……… 190
- 7.5.2 数据库备份 ……… 192
- 7.5.3 数据库还原 ……… 195
- 7.5.4 任务训练与检查 ……… 198

小结 ……… 199

课外作业 ……… 199

模块 4 数据库设计

子模块 8 数据库设计与实现 ……… 203

任务 8.1 数据库需求分析 ……… 203

- 8.1.1 数据库设计的步骤 ……… 205
- 8.1.2 数据库需求分析方法 ……… 206
- 8.1.3 项目数据库需求分析 ……… 208
- 8.1.4 任务训练与检查 ……… 209

任务 8.2 数据库概念结构设计 ……… 209

- 8.2.1 任务知识准备 ……… 211
- 8.2.2 设计概念模型 ……… 213
- 8.2.3 任务训练与检查 ……… 215

任务 8.3 数据库逻辑结构设计 ……… 216

- 8.3.1 任务知识准备 ……… 218
- 8.3.2 关系模式转换 ……… 219
- 8.3.3 关系模式规范化 ……… 221
- 8.3.4 任务训练与检查 ……… 223

任务 8.4 数据库系统实现 ……… 224

- 8.4.1 数据库物理实现 ……… 226
- 8.4.2 数据库建立 ……… 227
- 8.4.3 数据库应用 ……… 230
- 8.4.4 数据库管理 ……… 232
- 8.4.5 任务训练与检查 ……… 233

小结 ……… 234

课外作业 ……… 234

参考文献 ……… 236

模块1

数据库创建

子模块 1　认识与体验数据库

数据库技术是计算机科学的重要分支，也是信息时代的重要技术。由于数据库具有数据结构化、较低的冗余度、较高的程序与数据独立性、易于扩充和编程等优点，绝大多数信息处理系统都采用了数据库技术。数据库技术已成为目前最活跃、应用最广泛的信息技术之一，几乎所有的应用系统都涉及数据库，以数据库方式存储数据。

本模块结合 SQL Server 2019 介绍数据库系统的基本概念、关系数据库、系统安装和配置等内容，目的是让读者对数据库及数据库技术有一个初步认识。

【学习目标】

- 理解数据库、数据库管理系统、数据库系统的概念
- 理解关系、关系模型、关系数据库的概念
- 掌握 SQL Server 2019 的安装方法
- 掌握 SQL Server 2019 的系统配置
- 掌握 SQL Server 2019 的集成管理工具

【学习任务】

任务 1.1　认识数据库
任务 1.2　安装和体验 SQL Server 2019

任务 1.1　认识数据库

任务 1.1 工作任务单

工作任务	认识数据库	学时	1
所属模块	数据库创建		
教学目标	知识目标：掌握数据库系统和关系数据库的基本概念； 技能目标：理解和应用关系数据库； 素质目标：培养敬业爱岗的品质、了解产业和技术发展方向		
思政元素	爱国敬业、科技报国		
工作重点	理解关系数据概念		
技能证书要求	对应《数据库系统工程师考试大纲》中 2.1 数据库技术基础的相关要求		
竞赛要求	在各种竞赛中，掌握数据库概念是基础要求		
使用软件	SQL Server 2019		

教学方法	教法：任务驱动法、多媒体教学法等	
	学法：资料检索、分组讨论法、卡片学习法等	
工作过程	一、课前任务	通过在线学习平台发布课前任务： ● 观看数据库概念的微课视频； 二维码 1-1 ● 完成课前测试
	二、课堂任务	1．课程导入 2．明确学习任务 （1）主任务 掌握数据库系统和关系数据库的基本概念。 任务所涉及的知识点如图 1-1 所示。 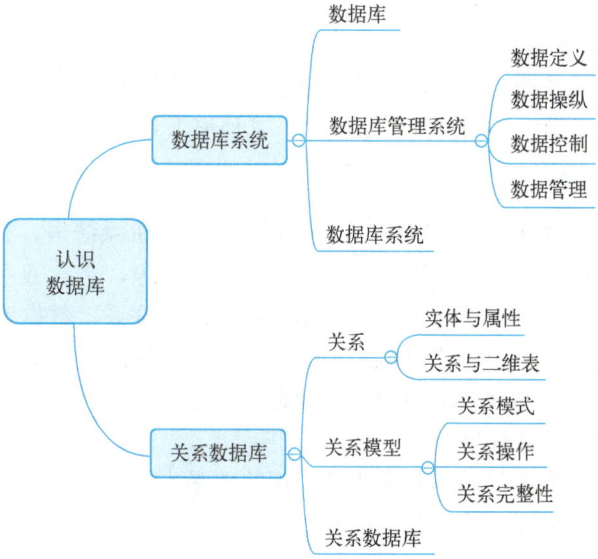 图 1-1　认识数据库知识结构图 （2）安全与规范教育 1）安全纪律教育。 2）注意事项。 3．任务前检测 4．任务实施 1）老师讲解知识，比较和分析。 2）学生理解、讨论、做笔记。 3）教师参与讨论、分析难点。 5．任务展示 学生在线完成数据库基本概念的测试。 6．任务评价

工作过程	二、课堂任务	系统自动评分、统计正确率和错误率等,教师针对难点再次分析。 7.任务后检测 简述数据库和数据库管理系统的区别。 8.任务总结 1)工作任务完成情况:是( ),否( )。 2)学生技能掌握程度:好( ),一般( ),差( )。 3)操作的规范性及实施效果:好( ),一般( ),差( )
	三、工作拓展	阐述数据库发展的简史
	四、工作反思	

1.1.1 数据库系统

【子任务】 认知数据库系统。

数据库系统涉及许多基本概念,这里先介绍数据库、数据库管理系统、数据库系统这 3 个与数据库技术最密切相关的基本概念,其他概念将根据需要在相关章节的任务中介绍。

1. 数据库

数据库(DataBase,DB)是长期存储在计算机系统内、有结构的、大量的、可共享的数据集合。这里所讲的数据是数据库中存储的基本对象,包含数字、文字、图形、声音及其组合。数据库不仅包括数据本身,而且包括数据之间的联系。数据库中的数据不是面向某一特定的应用,而是面向多种应用,可以被多个用户、多个应用程序共享。其数据结构独立于使用数据的程序,具有最小的冗余度和较高的数据独立性。对于数据的增加、删除、修改、检索及用户管理等统一由系统进行控制。

由于数据库中的数据是量大的、用户多是大量的,所以必须保证数据库的安全有效,即保证数据库的安全性、完整性及系统可恢复性。

2. 数据库管理系统

数据库管理系统(DataBase Management System,DBMS)是管理数据库的软件,它是在操作系统支持下运行的,位于用户与操作系统之间,负责对数据库进行统一管理和控制。通过数据库管理系统,用户能够方便地定义和操纵数据,并能够保证数据的安全性、完整性,能够保证多用户对数据的并发使用及发生故障后的系统恢复。

下面介绍数据库管理系统的主要功能。

(1)数据定义

DBMS 提供数据定义语言(Data Definition Language,DDL),用户通过它可以方便地对数据库中的数据对象进行精确的定义,这些数据定义并不是数据本身,而是具体 DBMS 所支持的数据结构。用 DDL 所做的定义将被系统保留在数据字典中,以便在进行数据操纵和控制时使用。用户可以查阅数据定义,以便共享数据库中的数据。

（2）数据操纵

DBMS 提供数据操纵语言（Data Manipulation Language，DML），用户可以使用 DML 对数据库中的数据进行输入、修改、删除和检索等操作。不同的 DBMS，DML 的语法格式也不同，就其实现方法而言，可以分为两类：一类是 DML，可以独立交互式使用，不依赖于任何程序设计语言，称为自含或自主型语言。另一类是宿主型 DML，嵌入到宿主语言中使用，如嵌入到 Java 程序设计语言中。在使用高级语言编写的应用程序中，需要调用数据库中的数据时，要用宿主型 DML 语句来操作数据。

（3）数据控制

DBMS 提供数据控制语言（Data Control Language，DCL），负责控制数据库的安全性和完整性，提供一种检验完整性和保证安全的机制。对多用户并发操作、数据的安全性及数据的完整性等进行控制。

（4）数据管理

数据库在建立、使用及维护过程中均由 DBMS 统一管理，包括数据库初始数据的输入、数据备份、数据恢复、数据重组、性能监视和数据分析等功能。

思考：数据库管理系统的主要功能是什么？如何理解数据安全性与数据完整性？

目前，较为流行的数据库管理系统包括：Oracle、SQL Server、DB2 和 MySQL 等。

3. 数据库系统

数据库系统（DataBase System，DBS）是指具有管理和控制数据库功能的计算机应用系统，也称数据库应用系统（DataBase Application System，DBAS）。数据库系统由 5 部分组成：计算机系统、数据库集合、数据库管理系统、数据库管理员（DataBase Administrator，DBA）和用户。

计算机系统主要由硬件系统和操作系统等组成，它是整个数据库系统的基础，需要有较大的内存、大容量的存储设备及操作系统等支持。数据库集合是由若干个设计合理、满足应用需求的数据库组成的。数据库管理系统是为数据库的建立、使用和维护而配置的软件，是数据库系统的核心组成部分。数据库管理员是全面负责建立、维护和管理数据库系统的人员。用户是数据库系统的操作和使用人员。

与人工管理和文件系统相比，数据库系统具有以下特点：

① 数据结构化。数据库中的数据是有结构的，它是用某种数据结构表示出来的，这种结构既反映数据本身结构，也反映数据之间的联系。

② 数据共享、冗余度低。数据库中存放规范化的整体数据，某一应用通常仅使用整体数据的子集，实现数据共享。数据共享可以减少数据冗余，节约存储空间。

③ 数据独立性高。在数据库系统中，DBMS 提供映像功能，以确保应用程序对数据结构和存取方法有较高的独立性。数据的物理存储结构与用户看到的逻辑结构可以有很大的差别。用户只是用简单的逻辑结构来操作数据，不需要考虑数据在存储器上的物理位置与结构。

④ 数据统一管理和控制。数据库作为用户与应用程序的共享资源，对数据的存取往往是并发的，即多个用户同时使用同一个数据库。数据库管理系统必须提供并发控制、数据安全性控制及数据完整性控制等功能。

目前，数据库系统已成为数据管理的主要方式，其应用已涉及社会生活中的各个领域，如银行、交通、邮电和军事等。

思考：什么是数据独立性？为什么说数据库系统具有较高的数据独立性？

1.1.2 关系数据库

【子任务】 认知关系数据库。

1. 关系

（1）实体与属性

实体（Entity）是指现实世界中客观存在并可以相互区分的事物，可以是具体的人、物、事件，也可以是抽象的状态与概念，都可以用实体抽象表示。如在学校里，一个学生、一个教师、一门课程都可以称为实体。同类的多个实体构成实体集，如一个班级中的学生可构成学生实体集。有时实体集就称为实体。

属性（Attribute）是指实体所具有的某些特征，通过这些特征可以区分不同的实体，即实体是由属性组成的。如学生实体的属性有学号、姓名、性别和出生日期等。

（2）关系与二维表

一个关系（Relation）就是一张规范化的二维表（简称表），表的每一列代表一个属性，每一行代表一个元组（Tuple）。一个关系可以表示客观世界中的实体，如学生实体，如图 1-2 所示。每个关系都有一个关系名，即每个表都有一个表名，如学生关系（表），"学生"是关系名（表名）。每个关系都由结构（表头）和内容（表体）组成，结构（表头）由一些反映关系（表）的属性（列）组成，它定义了属性（列）的类型，也就是说规定了属性（列）的值域，值域（Domain）是指属性（列）的取值范围。内容（表体）是由若干元组（行）组成，它是数据库的内容及数据库操作对象。

图 1-2 关系（表）相关术语

（3）关系（表）的性质

关系（表）中的每一个属性（列）是不可再分的数据项，并具有以下性质：

① 属性（列）是同质的，即均是同类型的数据，来自同一个值域。
② 不同的属性（列）可以出自同一个值域，即数据类型可以相同。
③ 任意两个元组（行）不能完全相同。
④ 属性（列）的顺序是无所谓的，即列的次序可以变换。
⑤ 元组（行）的顺序是无所谓的，即行的次序可以变换。

思考：关系的含义是什么？它有什么性质？

2. 关系模型

关系模型（Relational Model）是指用二维表结构表示的实体及实体之间联系的逻辑模型，由关系模式、关系操作、关系完整性等部分组成，在该模型中，无论是实体还是实体之间的联系均由关系（单一结构）来表示。逻辑模型是按计算机系统的观点对数据建模，是对数据逻辑结构的描述，主要用于 DBMS 的实现。逻辑模型有关系模型、层次模型、网络模型和面向对象模型等。

（1）关系模式

关系模式（Relational Mode）是指对关系的数据结构及语义限制的描述，即对关系名、组成关系的各属性名、属性到值域的映射、属性间的数据依赖关系等的表示。关系模式通常简记为 R（A_1，A_2，…，A_n），其中 R 是关系名，A_1，A_2，…，A_n 为属性名。如学生关系模式：学生（<u>学号</u>，姓名，性别，专业编号，…），其中"学号"带下画线，表示是主键。属性到值域的映射一般通过指定的类型和长度来说明。

键（Key）又称关键字或码，在 SQL Server 2019 中称键，由一个或几个属性组成，其属性值可以唯一地标识一个元组。在一个关系中，如果存在多个属性（或属性组合）都能唯一标识一个元组，这些属性（或属性组合）都称为该关系的候选键。在学生关系模式中，如果没有重名的学生，则学号和姓名都是学生关系的候选键（Candidate Key）。如果一个关系中有多个候选键，则可以选一个作为主键（Primary Key）。在学生关系模式中，选择学号作为学生关系的主键。主键中的属性称为主属性，主属性的值不能为空。

外键（Foreign Key）是关系与关系之间联系的纽带，它是该关系的属性（或属性组合），但不是该关系的键，而是另一个关系的键。在学生关系模式中，专业编号不是该模式的键，但它是专业关系模式的键，因此专业编号是学生关系模式的外键。如专业关系模式：专业（<u>专业编号</u>，专业名，专业主任，办公室，电话……）。

（2）关系操作

关系操作（Relational Operation）是指对关系实施的各种操作，主要有：选择、投影、连接、并、交、差、增、删和改等，其中选择、投影及连接是最基本的关系操作。这些操作均对关系的内容实施，得到的结果仍为关系。关系操作的特点是集合操作，即操作对象和结果都是集合。

（3）关系完整性

关系完整性（Relational Integrity）是指关系的正确性、一致性和有效性，它是关系及其联系的所有制约和依存规则，用以限定数据库状态及状态变化，从而保证数据的正确、一致和有效。

关系模型的完整性有三类：实体完整性、参照完整性及用户定义完整性。其中，实体完整性和参照完整性是关系模型必须满足的完整性约束条件，由 DBMS 自动提供支持。而用户定义完整性则是由 DBMS 提供完整性定义功能，用户根据需要自定义实施。

① 实体完整性（Entity Integrity）是指关系的主属性不能取空值且不能重复。如学生实体中的学号是主属性，因此其值不能为空、不能重复，必须具有唯一性。

② 参照完整性（Reference Integrity）是指关系中不允许引用不存在的实体。如学生关系中不允许出现不存在的专业编号。

③ 用户定义完整性（User-defined Integrity）是指针对某一具体应用中的关系数据所必须满足的要求，由用户根据需要进行定义，关系模型的 DBMS 提供定义和检验这类完整性的机制。

思考：关系模型有什么特点？如何理解关系模型、关系模式之间的联系与区别？

3. 关系数据库

关系数据库（Relational Database）是指建立在关系模型基础上的数据库，借助于集合代数等数学概念和方法处理数据库中的数据，即由若干个能相互连接的二维表组成的数据库。关系数据库涉及数据库定义、数据库操纵、数据库控制等内容。

关系数据库定义是指对所涉及关系模式的描述。如某一学生选课数据库定义如下：

① 学生（<u>学号</u>，姓名，专业，性别，出生日期，已修学分，备注）；
② 课程（<u>课程号</u>，课程名，开课学期，学时，学分）；
③ 选课（<u>学号</u>，<u>课程号</u>，成绩，学分绩点）。

关系数据库定义可以采用两种方式进行描述：问答式和语句式。如在 SQL Server 2019 中，采用图形界面方式和 CREATE TABLE 语句进行描述。

关系数据库定义、操作及控制都可以通过关系数据库语言（SQL）实现，SQL（Structured Query Language，结构化查询语言）是集 DDL（数据定义语言）、DML（数据操纵语言）、DCL（数据控制语言）于一体的标准的关系数据库语言。

思考： 如何理解关系数据库？

任务 1.2　安装和体验 SQL Server 2019

任务 1.2 工作任务单

工作任务	安装体验 SQL Server 2019	学时	1
所属模块	数据库创建		
教学目标	知识目标：掌握 SQL Server 2019 的基本元素； 技能目标：能安装、配置 SQL Server 2019； 素质目标：培养团结合作、吃苦耐劳的品质		
思政元素	版权保护、自主开发		
工作重点	安装和配置 SQL Server 2019		
技能证书要求	对应微软认证 MCSA 证书的考证要求		
竞赛要求	在竞赛开发中，SQL Server 2019 是常用的数据库之一		
使用软件	SQL Server 2019		
教学方法	教法：任务驱动法、演示操作教学法等； 学法：项目实战法、视频学习等		
工作过程	一、课前任务	通过在线学习平台发布课前任务； ● 观看数据库安装配置的微课视频； 二维码 1-2 ● 完成课前测试		
	二、课堂任务	1. 课程导入 2. 明确学习任务 （1）主任务 1）了解 SQL Server 2019 组成。 2）安装 SQL Server 2019 系统。		

工作过程	二、课堂任务	3）配置 SQL Server 2019 服务。 4）使用 SQL Server Management Studio（SSMS）工具。 任务所涉及的知识点与技能点如图 1-3 所示。  图 1-3　安装体验 SQL Server 2019 知识技能结构图 （2）安全与规范教育。 1）安全纪律教育。 2）注意事项。 3．任务前检测 4．任务实施 1）老师进行知识讲解，演示操作。 2）学生安装和配置 SQL Server 2019。 3）教师检查，答疑解惑。 5．任务展示 学生展示 SQL Server 2019 安装及配置结果。 6．任务评价 学生可以互评和自评，也可开展小组评价。 7．任务后检测 SQL Server 2019 数据库可以安装多个实例（Instance）吗？ 8．任务总结 1）工作任务完成情况：是（　），否（　）。 2）学生技能掌握程度：好（　），一般（　），差（　）。 3）操作的规范性及实施效果：好（　），一般（　），差（　）
	三、工作拓展	使用不同方式启动 SQL Server 2019 的服务
	四、工作反思	

1.2.1 SQL Server 2019 系统安装

【子任务】 完成 SQL Server 2019 系统安装。

SQL Server 2019 是微软公司推出的关系数据库管理系统。作为新一代的数据库产品，面向大中型企业，针对大数据、数据仓库以及商业智能等领域，全面支持云技术，提供关系数据库解决方案。SQL Server 2019 包括：企业版（Enterprise）、标准版（Standard）、商业智能版（Business Intelligence）、2019 开发者版（Developer）、Web 版及精简版（Express）这 6 个不同版本。

1. SQL Server 2019 组成

SQL Server 2019 由数据库引擎、分析服务、集成服务和报表服务等部分组成。

（1）数据库引擎（Database Engine）

数据库引擎是 SQL Server 2019 系统的核心服务，负责完成数据的存储、处理、保护和安全管理等。例如，创建数据库、创建表、创建视图、数据查询和访问数据库等操作，都是由数据库引擎完成的。

（2）分析服务（Analysis Services）

分析服务的主要作用是通过服务器与客户端技术的组合提供联机分析处理（On-Line Analytical Processing，OLAP）和数据挖掘功能。使用分析服务，用户可以完成数据挖掘模型的构造和应用，实现知识的发现、表示和管理。

（3）集成服务（Integration Services）

集成服务的主要作用是实现其他服务之间的联系，并可以高效处理各种各样的数据源，例如：Oracle、Excel、XML 文档和文本文件等。

（4）报表服务（Reporting Services）

报表服务主要用于创建和发布报表及报表模型的图形工具和向导。

2. SQL Server 2019 的软硬件需求

（1）SQL Server 2019 的硬件需求

计算机 CPU 的速度和内存大小如果不符合 SQL Server 2019 最小硬件需求，SQL Server 2019 虽然可以安装，但是不能保证 SQL Server 2019 能顺利运行。SQL Server 2019 的硬件需求如表 1-1 所示。

表 1-1 SQL Server 2019 的硬件需求

规格		最小值	建议值
CPU/GHz	32bit	1.0	2.0
	64bit	1.4	2.0
内存/GB		1.0	4.0
硬盘空间	功能		空间/MB
	数据库引擎和数据文件、复制、全文搜索以及 Data Quality Services		811
	Analysis Services 和数据文件		345
	Reporting Services 和报表管理器		304
	Integration Services（集成服务）		591
	Master Data Services		243
	客户端组件（除 SQL Server 联机丛书组件和 Integration Services 工具之外）		1823
	用于查看和管理帮助内容的 SQL Server 联机丛书组件		375

（2）SQL Server 2019 的软件需求

SQL Server 2019 安装时默认安装所需的软件组件：NET Framework 4.x、SQL Server Native Client、SQL Server 安装程序支持文件。安装 SQL Server 2019 的软件需求如表 1-2 所示。

表 1-2　SQL Server 2019 的软件需求

软件组件	需求
操作系统	Windows Server 2008 R2 SP1、Windows Server 2008 SP2、Windows Vista SP2 或 Windows 7 SP1
NET Framework	NET Framework 3.5 SP1 或 NET Framework 4.x
Windows PowerShell	Windows PowerShell 2.0
SQL Server 支持工具	SQL Server Native Client、支持文件和 Windows Installer 4.0
Internet Explorer	Internet Explorer 7.0 以上

3. SQL Server 2019 的安装

以安装在 Windows 10 操作系统上的 SQL Server 2019 企业版为例，其安装和配置过程的主要步骤如下。

① 运行 SQL Server 2019 安装目录下的 setup.exe 程序，进入 SQL Server 2019 的安装中心窗口，单击安装中心左侧的"安装"选项，该选项提供了多种功能，如图 1-4 所示。

② 初次安装请选择"全新 SQL Server 独立安装或向现有安装添加功能"选项，安装程序将对系统进行一些常规检测。然后进入相关窗口，输入产品密钥、接受许可条款、选择 SQL Server 功能安装等。

③ 进入"功能选择"窗口，选择 SQL Server 功能或单击"全选"按钮，初次安装时建议选择"全选"，如图 1-5 所示。

图 1-4　SQL Server 2019 安装中心

图 1-5　功能选择

④ 进入"实例配置"窗口，初次安装时选择"默认实例"，如图 1-6 所示。一台计算机可以多次安装 SQL Server，一次安装称为一个实例，每个实例名称必须唯一。一台计算机最多只能有一个默认实例，实例名与计算机名相同。

⑤ 进入"服务器配置"窗口，设置使用 SQL Server 各种服务对应的账户名，初次安装时，使用默认配置即可，如图 1-7 所示。

⑥ 进入"数据库引擎配置"窗口，配置数据库引擎的身份验证模式、管理员、数据目录等，初次安装选择"Windows 身份验证模式"。单击"添加当前用户"按钮，将当前用户添加为 SQL Server 管理员，如图 1-8 所示。单击"数据目录"选项卡，可设置用户数据文件的存储位

置，如图 1-9 所示。

图 1-6　实例配置　　　　　　　　　　　图 1-7　服务器配置

图 1-8　数据库引擎配置（服务器配置）　　图 1-9　数据库引擎配置（数据目录设置）

⑦ 进入"准备安装"窗口，如图 1-10 所示，单击"安装"按钮，开始安装。

⑧ 安装完成后，单击"关闭"按钮，完成 SQL Server 2019 的安装过程，如图 1-11 所示。

图 1-10　"准备安装"窗口　　　　　　　图 1-11　"安装完成"窗口

1.2.2　SQL Server 2019 系统配置

【子任务】　完成 SQL Server 2019 系统配置。

完成 SQL Server 2019 系统安装后，还需要对系统的服务和网络等方面进行适当配置。

1. SQL Server 2019 的基本元素

SQL Server 2019 的基本元素有服务、实例和工具。

（1）服务（Services）

Windows 操作系统的服务是一种在操作系统后台执行的程序，通常都是计算机启动后就自动执行，因为它并不需要与用户互动。当安装 SQL Server 2019 完成后，会在安装计算机的 Windows 操作系统上创建多个服务，如数据库引擎、SQL Server Agent 和全面搜索服务等。

（2）实例（Instances）

SQL Server 2019 可以在同一台计算机安装多个实例，即可以在同一台计算机上安装多个 SQL Server 2019 数据库服务器，提供不同的服务和用途。对于 SQL Server 2019 来说，一台计算机只能拥有一个默认实例，可以有多个命名实例。

（3）工具（Tools）

SQL Server 2019 提供多种工具来帮助用户建立、使用、管理 SQL Server 数据库，其主要工具如下。

① SQL Server Management Studio（SSMS）：SQL Server 图形界面的整合管理工具，可以帮助用户建立、查询、维护 SQL Server 数据库等。

② SQL Server 配置管理器：可以帮助用户管理 SQL Server 相关服务、设置服务器或客户端的网络协议，以及管理客户端计算机的网络连接配置等。

2. SQL Server 2019 服务配置

SQL Server 2019 提供"SQL Server 配置管理器"工具对相关服务进行配置。

（1）启动 SQL Server 配置管理器

执行"开始"→"所有程序"→"Microsoft SQL Server 2019→"SQL Server 配置管理器"命令，进入 SQL Server 配置管理器（Sql Server Configuration Manager）的窗口，如图 1-12 所示。

从图 1-12 中可以看出：安装了两个实例，实例名分别为 MSSQLSERVER 与 DBSQLSERVER，共有 12 个 SQL Server 服务。图中列出了 SQL Server 2019 系统的几个服务：

```
SQL Server，即数据库引擎服务；
SQL Server Analysis Services，即分析服务；
SQL Server Integration Services，即集成服务；
SQL Server Reporting Services，即报表服务；
SQL Full-text Filter Daemon Launcher，即全文搜索服务；
SQL Server Browser，即浏览服务；
SQL Server 代理，即代理服务。
```

SQL Server 2019 的实例以服务方式在 Windows 操作系统的后台执行，可以使用 SQL Server 配置管理器查看 SQL Server 各种服务的状态，并且停止、暂停或启动指定的服务。只有启动数据库引擎的主要服务 SQL Server（如 MSSQLSERVER）才能执行 SQL 命令访问数据库。默认"自动"启动，也可以将服务属性设置为"自动"启动，即开机启动 Windows 操作系统后，就会自动启动 SQL Server 服务。

（2）启动、停止或暂停服务

在 SQL Server 配置管理器中，单击选择"SQL Server 服务"项目，显示所有服务名称、状态、启动模式等，如图 1-12 所示。在相应服务项目上右击，在弹出的快捷菜单中选择相应命令，可以启动、停止或暂停服务，也可以通过服务属性配置服务，如图 1-13 所示。

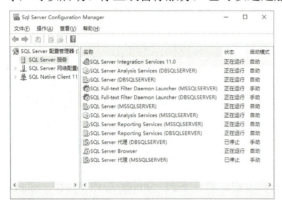
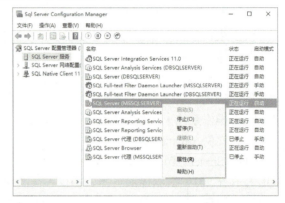

图 1-12　SQL Server 配置管理器　　　　　　图 1-13　配置 SQL Server 服务

服务启动可以由 Windows 服务管理、SQL Server 配置管理器、SQL Server 对象资源管理器等方式完成。

（3）通过服务属性进行服务配置

选择图 1-13 右键快捷菜单中的"属性"，显示"SQL Server(MSSQLSERVER)属性"账户设置对话框，如图 1-14 所示，可以对所选服务"SQL Server(MSSQLSERVER)"设置启动账户。单击"服务"选项卡，显示"SQL Server(MSSQLSERVER)属性"启动模式设置对话框，如图 1-15 所示，可以对所选服务"SQL Server(MSSQLSERVER)"设置自动模式。

图 1-14　"SQL Server(MSSQLSERVER)　　　图 1-15　"SQL Server(MSSQLSERVER)
　　　　　属性"账户设置对话框　　　　　　　　　　　　属性"启动模式设置对话框

3．SQL Server 2019 网络配置

通过"SQL Server 配置管理器"工具，可以为每一个服务器实例的 Shared Memory（共享内存)、Named Pipes(命名管道)、TCP/IP 等协议进行网络配置。如图 1-16 所示,在"SQL Server 配置管理器"中,选择"SQL Server 网络配置"→"MSSQLSERVER 的协议"→在右窗格中右击"TCP/IP",就可以在弹出的快捷菜单中对 TCP/IP 进行网络配置。

1.2.3　SQL Server 2019 集成管理工具

【子任务】　使用 SQL Server 2019 集成管理工具。

SSMS(SQL Server Management Studio)集成管理工具是 SQL Server 2019 图形使用界面的集成管理环境,它将各种图形化工具和多功能的脚本编辑器组合在一起,让用户方便地访问、设置、控制、管理及开发 SQL Server 的所有对象,方便地编写 Transact-SQL、XML 等脚本。

1. SSMS 的启动与连接

执行"开始"→"所有程序"→"Microsoft SQL Server 2019→"SQL Server Management Studio"命令,进入 SQL Server 的"连接到服务器"对话框,如图 1-17 所示。

图 1-16　SQL Server 网络配置

图 1-17　"连接到服务器"对话框

提示:服务器名称和用户名称与 SQL Server 2019 系统安装参数设置有关。根据机器的不同,用户可以选择"服务器名称"右边的下拉选项,选择"浏览更多",跳出"查找服务器"窗口,在"本地服务器"选项卡中根据需求选择"数据库引擎"中的不同选项。一般选择与机器名对应的服务器,如机器名为"DBSERVER",则选择名为"DBSERVER"的数据库引擎。

服务器名称可以有:(点)、localhost(127.0.0.1)、IP 地址和机器名等表示方式。如果要连接远程服务器,就需要使用远程服务器的 IP 地址。

"连接到服务器"对话框中的内容说明如下:

① 服务器类型。根据安装的 SQL Server 2019 的版本,可能有多种不同的服务器类型,对于本教材,将主要讲解数据库服务,所以选择"数据库引擎"。

② 服务器名称。可以选择连接不同的服务器,DBSERVER 为作者主机的名称,表示连接到一个本地主机。

③ 身份验证。如果设置了混合验证模式,则可以在下拉列表框中选择 SQL Server 身份登录,需要输入用户名和密码。在前面安装过程中指定使用 Windows 身份验证,所以选择"Windows 验证"。

单击"连接"按钮,连接成功后进入 SSMS 的主界面,界面中显示了"对象资源管理器"窗口,如图 1-18 所示。在 SSMS 中用户可以方便地进行建立数据库、新建查询等操作。

2. SSMS 的使用

在 SSMS 集成环境中，集成了多个管理和开发工具，如"已注册的服务器""对象资源管理器""查询编辑器"等。可以在"视图"菜单中设置多数功能窗口的显示与否。

下面介绍几个常用的功能窗口：

①"已注册的服务器"窗口中，可以对已注册的服务器进行管理。如图 1-19 所示，可以对 DBSERVER 服务器进行服务配置、日志查询、服务控制等操作管理。

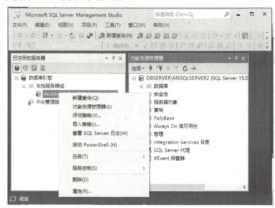

图 1-18　SSMS 窗口　　　　　　　　图 1-19　"已注册的服务器"窗口

②"对象资源管理器"窗口中，可以创建数据库、数据表、视图、存储过程等数据库对象，创建登录账户、设置管理权限等操作管理。如图 1-20 所示，可以在 DBSERVER 服务器上，进行新建数据库、附加数据库、还原数据库等操作管理。

③在 SSMS 集成环境中，单击工具栏上的"新建查询"按钮，可打开"查询编辑器"窗口，如图 1-21 所示。该窗口用于编写、调试、执行 SQL 命令或 T-SQL 脚本。

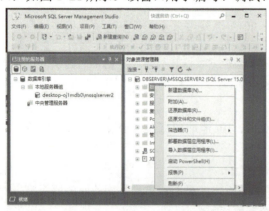
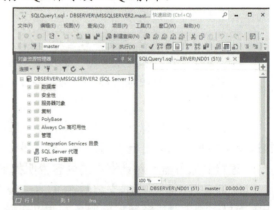

图 1-20　"对象资源管理器"窗口　　　　　　图 1-21　"查询编辑器"窗口

小结

1. 了解数据库系统

数据库：长期存储在计算机系统内、有结构的、大量的、可共享的数据集合。

16

数据库管理系统：管理数据库的软件，是数据库系统的核心，负责对数据库进行统一管理和控制。

数据库系统：具有管理和控制数据库功能的计算机应用系统。

2. 了解关系数据库

关系定义：二维表在关系数据库中称为关系。

关系模型：关系模式（即数据结构）、关系操作、关系完整性。

关系数据库：依据关系模型建立起来的数据库。

3. 安装体验 SQL Server 2019

SQL Server 2019 的组成、安装、配置及工具使用。

课外作业

一、单选题

1. 应用数据库技术的主要目的是（   ）。
   A. 解决保密问题　　　　　　　B. 解决数据完整性问题
   C. 共享数据问题　　　　　　　D. 解决数据量大的问题
2. 数据库管理系统（DBMS）是（   ）。
   A. 教学软件　　B. 应用软件　　C. 辅助设计软件　　D. 系统软件
3. 在数据库中存储的是（   ）。
   A. 数据　　　　　　　　　　　B. 数据模型
   C. 数据以及数据之间的联系　　D. 信息
4. 数据库系统的出现使信息系统以（   ）为中心。
   A. 数据库　　B. 用户　　C. 操作系统　　D. 应用程序
5. 数据库具有（   ）、最小的（   ）和较高的（   ）。
   （1）A. 程序结构化　　B. 数据结构化　　C. 程序标准化　　D. 数据模块化
   （2）A. 冗余度　　　　B. 存储量　　　　C. 完整性　　　　D. 有效性
   （3）A. 程序与数据可靠性　　　B. 程序与数据完整性
       C. 程序与数据独立性　　　D. 程序与数据一致性
6. 在数据库中，产生数据不一致的根本原因是（   ）。
   A. 数据存储量太大　　　　　　B. 没有严格保护数据
   C. 未对数据进行完整性控制　　D. 数据冗余
7. 按照传统的数据模型分类，数据库系统可以分为 3 种类型（   ）。
   A. 大型、中型和小型　　　　　B. 层次、网状和关系
   C. 数据、图形和多媒体　　　　D. 西文、中文和兼容
8. 设属性 A 是关系 R 的主属性，则属性 A 不能取空值，这是（   ）。
   A. 实体完整性规则　　　　　　B. 参照完整性规则
   C. 自定义完整性规则　　　　　D. 域完整性规则

9．数据库技术的奠基人之一 E.F.Codd 从 1970 年起发表了多篇论文，主要论述的是（　　）。

  A．层次数据模型   B．网状数据模型
  C．关系数据模型   D．面向对象数据模型

10．关系模型中不包含（　　）。

  A．关系模式   B．关系操作
  C．关系结构图   D．关系完整性

二、填空题

1．数据库是长期存储在计算机内，有（　　）的、可（　　）的数据集合。

2．DBMS 是指（　　），具有（　　）、（　　）、（　　）、数据管理等功能，SQL Server 2019 是属于（　　）数据库管理系统。

3．数据库系统一般是由（　　）、（　　）、（　　）、（　　）及（　　）五大部分组成。

4．关系模型是由（　　）、（　　）和（　　）三个部分组成。

三、简答题

1．什么是数据库系统？它有哪些特点。

2．启动服务可采用哪些方法？

3．“对象资源管理器"有什么作用？

4．SQL Server 服务器名称有哪几种书写方式？

5．"新建查询"窗口有什么作用？

四、实践题

1．上网查询，常见的关系数据库管理系统有哪些？比较它们的优缺点。

2．安装合适的 SQL Server 版本至个人计算机上，并进行必要的配置。

3．对 SQL Server 系统进行服务、网络等相关参数进行配置。

子模块 2　创建与维护数据库

　　SQL Server 2019 数据库是用来存储数据和数据库对象的逻辑实体，数据库对象包含关系图、表、视图、存储过程、触发器、用户和角色等。只有建立了数据库，才能建立数据表，才能将数据存储在数据库中。

　　本模块主要介绍 SQL Server 2019 数据库结构、数据库文件的类型、数据库对象、系统数据库、用户数据库等基本概念；学会创建、修改、删除数据库；学会分离与附加数据库。

【学习目标】

- 掌握 SQL Server 2019 数据库文件的类型
- 理解 SQL Server 2019 常用数据库对象
- 掌握数据库创建、修改和删除方法
- 掌握数据库信息查看方法
- 掌握数据库分离和附加方法

【学习任务】

任务 2.1　认知 SQL Server 2019 数据库
任务 2.2　创建数据库
任务 2.3　维护数据库
任务 2.4　分离与附加数据库

任务 2.1　认知 SQL Server 2019 数据库

任务 2.1 工作任务单

工作任务	认知 SQL Server 2019 数据库	学时	1
所属模块	创建和维护数据库		
教学目标	知识目标：掌握数据库系文件基本概念； 技能目标：能正确理解和应用系统数据库和课程用例数据库； 素质目标：培养勇于探索、追求卓越的创新精神		
思政元素	版权保护、自主开发		
工作重点	正确使用 SQL Server 2019 数据库常用对象		
技能证书要求	对应微软认证：系统管理员（MCSA）证书的考证要求		
竞赛要求	在竞赛开发中，SQL Server 2019 是使用的数据库之一		
使用软件	SQL Server 2019		

教学方法		教法：任务驱动法、演示操作教学法等；
		学法：文献阅读、操作体验学习法等
工作过程	一、课前任务	通过在线学习平台发布课前任务： ● 观看 SQL Server 2019 数据库介绍的微课视频； 二维码 2-1 ● 完成课前测试
	二、课堂任务	1．课程导入 2．明确学习任务 （1）主任务 1）掌握数据库文件概念。 2）理解数据库对象。 3）了解系统数据库。 4）理解用户数据库。 任务所涉及知识点，如图 2-1 所示。 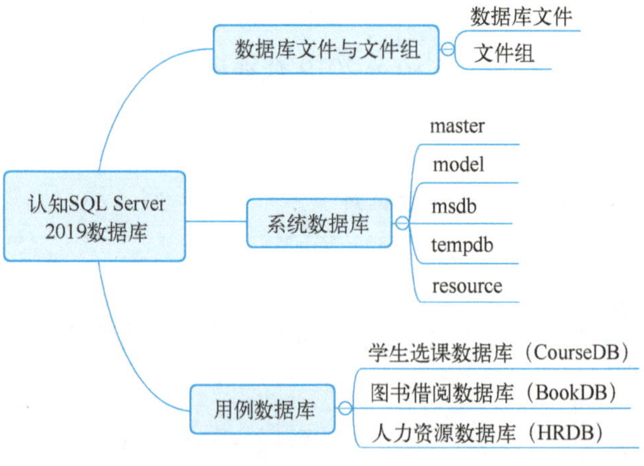 图 2-1　认知 SQL Server 2019 数据库知识结构图 （2）安全与规范教育 1）安全纪律教育。 2）注意事项。 3．任务前检测 属于任课教师个性化教学安排，书中不做统一要求。 4．任务实施 1）老师进行知识讲解，现场演示。 2）学生操作和使用，比较和分析。 3）教师检查，答疑解惑。 5．任务展示 学生熟练登录 SQL Server 2019 并操作数据库。

工作过程	二、课堂任务	6．任务评价 学生互评和自评，也可开展小组评价。 7．任务后检测 SQL Server 2019 中系统数据库作用和区别？ 8．任务总结 1）工作任务完成情况：是（ ），否（ ）。 2）学生技能掌握程度：好（ ），一般（ ），差（ ）。 3）操作的规范性及实施效果：好（ ），一般（ ），差（ ）
	三、工作拓展	阐述 SQL Server 2019 新特性
	四、工作反思	

2.1.1 数据库文件与文件组

SQL Server 2019 数据库结构可以分为数据库逻辑结构和数据库物理结构两种。数据库逻辑结构是指用户视角的数据库结构，是由数据表、视图、存储过程、触发器、索引和约束等数据库对象组成；数据库物理结构是指实际存储视角的数据库结构，是指数据库文件的文件结构，数据记录在文件中存储方式，不同的文件结构占用不同大小的空间，具有不同的访问方式。

1．数据库文件

SQL Server 2019 数据库具有三种类型的数据库文件，分别为主数据文件、次数据文件和事务日志文件。每个数据库至少包含两个相关联的存储文件：主数据文件和事务日志文件。

① 主数据文件：是数据库的起点，存储数据库的启动信息，并指向其他数据文件，用户数据和数据库对象也可以存储在此文件中。一个数据库只能有一个主数据文件，默认扩展名为 .mdf。

② 次数据文件：用于存储用户数据，根据需要可建立一个或多个，也可以没有，它可以将庞大的数据分散到不同磁盘中，默认扩展名为 .ndf。

③ 事务日志文件：用于存储并记录所有事务及每个事务对数据库所做的操作，即记录事务日志数据，便于数据库恢复。每个数据库至少应该有一个事务日志文件，也可以有多个，默认扩展名为 .ldf。

2．文件组

为了便于管理，当 SQL Server 数据库有大量数据文件时，可以将多个数据文件组织成一个组。当使用文件组时，SQL Server 是以文件组为单位进行数据存储管理。在 SQL Server 2019 中，文件组分为主文件组和用户自定义文件组两种。

① 主文件组：内含主数据文件的文件组，它是在创建数据库时，SQL Server 默认创建的文件组，当创建次数据文件时若没有指定文件组，则默认都在主文件组中。

② 自定义文件组：用户自行创建的文件组。

SQL Server 数据文件一定属于一个且只有一个文件组，事务日志文件并不属于任何文件组，一个文件或文件组只能被一个数据库使用。用户可以将数据库的数据表和索引分别创建在指定的文件组。

2.1.2 系统数据库

在 SQL Server 系统中，数据库分两种：系统数据库和用户数据库，系统数据库和用户数据库都是由各种对象所组成，SQL Server 2019 数据库常用对象如表 2-1 与图 2-2 所示。用户数据库是用户自行创建的数据库，系统数据库是安装 SQL Server 后自动创建的系统运行所需要的数据库，即是 SQL Server 系统内置的，主要用于系统管理。SQL Server 2019 系统数据库，分别是 master、model、msdb、tempdb、resource，系统数据库作用说明如表 2-2 所示，系统数据库如图 2-3 所示。

表 2-1 数据库常用对象

对象	说明
数据库关系图	用于建立表间关系
表	用于存储数据
视图	是查看一个或多个表的一种方式，是一种虚表
索引	使用索引是加快数据检索的一种方式
存储过程	一组预编译的 T-SQL 语句，可以完成一定的功能
触发器	一种特殊类型的存储过程，当某个操作影响到其保护的数据时，触发器就会自动触发执行相关操作
约束	强制数据库的完整性
规则	用于限制表中列的取值范围
默认值	自动插入的常量值

表 2-2 系统数据库

系统数据库	作用说明
master	记录 SQL Server 的相关系统级信息，包含：SQL Server 的初始化信息、所有登录账户信息、所有系统配置信息及其他数据库的相关信息
model	是所有新建数据库的模板，对 model 数据库进行的修改（如数据库大小、排序规则、恢复模式和其他数据库选项）将应用于以后创建的所有数据库
msdb	是代理服务数据库，存储警示和作业调度、数据库备份和还原等的数据记录
tempdb	一个工作空间，用于保存 SQL Server 执行所需的临时对象或中间结果集
resource	一个只读且隐藏的数据库，存储 SQL Server 所有的系统对象，必须和 master 数据库存放在同一个路径

2.1.3 用例数据库

用例数据库属于用户数据库，是根据教学需要创建的数据库。本教材选用了三个数据库：学生选课数据库（CourseDB）、图书借阅数据库（BookDB）、人力资源数据库（HRDB）。

CourseDB 学生选课数据库主要用于课堂教学时使用，有 3 张表格：学生表（Student）、课程表（Course）、选课表（Study），如图 2-4 所示。

BookDB 图书借阅数据库主要用于课堂训练时使用，有 4 张表格：读者表（Reader）、图书表（Book）、借阅表（Borrow）、读者类型表（RType），如图 2-5 所示。

HRDB 人力资源数据库主要用于课外练习时使用，有 5 张表格：员工信息表（Employee）、学习经历信息表（Study）、工作经历信息表（Work）、工资信息表（Salary）、部门信息表（Department）。

图 2-2　数据库对象

图 2-3　系统数据库

图 2-4　CourseDB 的数据表

图 2-5　BookDB 的数据表

每个数据库内容大家都比较熟悉，容易理解。这些数据库从课堂教学到课堂训练，再到课外练习使用，其表格数、表格内容设置等都能满足不同阶段的教学需要。特别是某些列的设置，能使数据库数据处理变得有意思，但会产生一定的数据冗余，为后续的数据库查询、数据库编程及数据库设计等内容学习提供必要的思考空间。

任务 2.2　创建数据库

任务 2.2 工作任务单

工作任务	创建数据库	学时	2
所属模块	创建和维护数据库		
教学目标	知识目标：掌握数据库文件的组成； 技能目标：能够使用图形化和 T-SQL 语句创建数据库； 素质目标：培养发现问题、解决问题的能力		
思政元素	一丝不苟、独立思考		

工作重点		使用 T-SQL 语句创建数据库
技能证书要求		对应《数据库系统工程师考试大纲》中 2.1 数据库技术基础的相关要求
竞赛要求		在各种竞赛中，建立数据库是基本要求
使用软件		SQL Server 2019
教学方法		教法：任务驱动法、项目教学法、情境教学法等；
		学法：分组讨论法、线上线下混合学习法等
工作过程	一、课前任务	通过在线学习平台发布课前任务： ● 观看创建数据库的微课视频； 二维码 2-2 ● 完成课前测试
	二、课堂任务	1．课程导入 2．明确学习任务 （1）主任务 创建 CourseDB。 创建学生选课数据库，具体要求： 1）数据库名称为 CourseDB。 2）选择存放 CourseDB 学生选课数据库的磁盘和位置，建立相应的文件夹。 3）用 SSMS 方式创建 CourseDB 学生选课数据库。 4）用 T-SQL 语句创建 CourseDB 学生选课数据库。 具体参数： 1）数据库所有者：sa（默认的数据库管理员账户，具有所有的管理和操作权限）。 2）文件存储路径：D:\DATABASE。 3）主数据文件：逻辑名为 CourseDB_Data；文件名为 CourseDB_Data.mdf；初始大小为 6MB；增长量为 1MB。 4）事务日志文件：逻辑名为 CourseDB_Log；文件名为 CourseDB_Log.ldf；初始大小为 2MB；增长率为 15%。 5）次数据文件：逻辑名为 CourseDB_Data2；文件名为 CourseDB_Data2.ndf。 任务所涉及的知识点与技能点如图 2-6 所示。 （2）安全与规范教育 1）安全纪律教育。 2）注意事项。 3．任务前检测 4．任务实施 1）老师进行知识讲解，演示操作数据库建立。

工作过程	二、课堂任务	2）学生练习主任务，并完成任务训练与检查。 3）教师巡回指导，答疑解惑、总结。 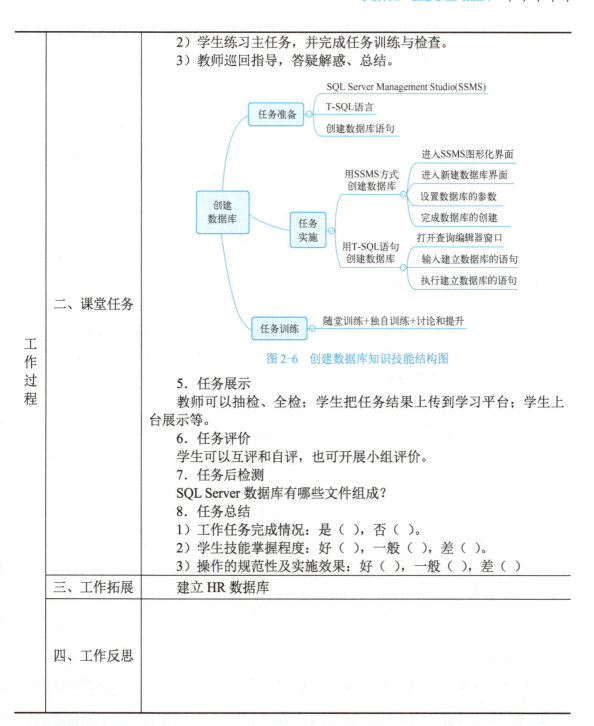 图 2-6 创建数据库知识技能结构图 5．任务展示 教师可以抽检、全检；学生把任务结果上传到学习平台；学生上台展示等。 6．任务评价 学生可以互评和自评，也可开展小组评价。 7．任务后检测 SQL Server 数据库有哪些文件组成？ 8．任务总结 1）工作任务完成情况：是（　），否（　）。 2）学生技能掌握程度：好（　），一般（　），差（　）。 3）操作的规范性及实施效果：好（　），一般（　），差（　）
	三、工作拓展	建立 HR 数据库
	四、工作反思	

2.2.1 任务知识准备

1．SSMS（SQL Server Management Studio）

SSMS 是为 SQL Server 特别设计的管理集成环境，用于访问、配置、管理和开发 SQL Server 的所有对象。SSMS 组合了大量图形工具和丰富的脚本编辑器，使各种技术水平的开发人员和管理员都能访问 SQL Server。在 SSMS 中主要有两个常用工具：对象资源管理器和查询编辑器。对象资源管理器显示数据库对象的树视图（涉及数据库、安全性、服务器对象、复制和管理等），方便用户对数据库对象的管理。

2. T-SQL 语言

T-SQL（Transact Structured Query Language）是 ANSI（美国国家标准协会）和 ISO（国际标准化组织）SQL（结构化查询语言）标准的 Microsoft SQL Server 实现并扩展。T-SQL 是 SQL 的增强版，它由数据定义语言（DDL）、数据操纵语言（DML）及数据控制语言（DCL）等语言组成。

① DDL：主要包含 CREATE DATABASE（建库）、CREATE TABLE（建表）、ALTER TABLE（修改表）、DROP TABLE（删除表）等语句。

② DML：主要包含 SELECT（检索）、INSERT（插入）、UPDATE（修改）、DELETE（删除）等语句。

③ DCL：主要包含 GRANT（授权）、REMOVE（撤权）等语句。

3. 创建数据库语句

在 SQL Server 2019 中，创建数据库的方法有两种，一是使用 SMSS 方式创建数据库；二是使用 T-SQL 语句创建数据库，即用 CREATE DATABASE 语句创建数据库，其语句格式如下：

```
CREATE DATABASE database_name
[ ON
    [ PRIMARY ]
    < filespec > [, …n ]
    [, FILEGROUP filegroup_name < filepec > [, …n ] ]
]
[ LOG ON
    { < filespec > [, …n ] }
]
[ FOR ATTACH ]
```

其中，< filespec >为以下属性的组合：

```
( NAME=logical_file_name,
  FILENAME='OS_file_name'
  [, SIZE=start_size ]
  [, MAXSIZE={ max_size|UNLIMITED } ]
  [, FILEGROWTH=growth_increment ]
)
```

下面介绍语句中的参数。

- database_name：新数据库的名称。数据库名称在服务器中必须唯一，并且要符合标识符的命名规则。
- ON：定义存放数据库的数据文件信息。< filespec >列表用于定义主文件组的数据文件，< filegroup >列表用于定义用户文件组及其中的文件。
- PRIMARY：用于指定主文件组中的文件。主文件组的第一个由< filespec >指定的文件是主文件。如果不指定 PRIMARY 关键字，则在语句中列出的第一个文件将被默认为主文件。
- LOG ON：指明事务日志文件的定义。如果没有该选项，系统会自动创建一个事务日志文件，其文件名前缀与数据库名相同，文件大小为数据库中所有数据文件大小的 1/4。
- FOR ATTACH：根据一组已经存在的文件建立一个数据库。

- NAME：指定数据库的逻辑名称。
- FILENAME：指定数据库文件的操作系统文件名称和路径，该操作系统文件名称和 NAME 属性指定的数据库的逻辑名称一一对应。
- SIZE：指定数据库的初始容量大小。
- MAXSIZE：指定操作系统文件的最大容量。如果没有指定，则文件可以不断增多直到充满磁盘。
- FILEGROWTH：指定文件每次增加容量的大小。

 提示：
① 方括号 "[ ]" 括起来的子句表示可有可无。
② [，…n]表示可以有 n 个与前面相同的描述。例如，< filespec > [，…n]表示可以有 n 个< filespec >。

2.2.2 SSMS 方式创建数据库

【子任务】 创建 CourseDB 学生选课数据库。具体步骤如下：

（1）进入 SSMS 图形化界面

执行 "开始" → "所有程序" → "Microsoft SQL Server 2019" → "SQL Server Management Studio" 命令，连接到服务器窗口，选择名为 "DBSERVER" 的数据库引擎，单击 "连接" 按钮，建立与 DBSERVER 数据库引擎（服务器）的连接，并进入 SSMS 集成环境（参考 1.2.3 小节）。

（2）进入新建数据库界面

在 SSMS 的 "对象资源管理器" 窗口中（图 1-18），右击 "数据库"，选择 "新建数据库" 命令，打开 "新建数据库" 对话框，如图 2-7 所示。

 提示：图 2-7 中的初始大小、最大大小和路径等参数均为默认值，都可以更改。对默认路径一般需要进行修改，否则会记不住路径、找不到文件了。

（3）设置数据库的参数

① 输入新建的数据库名称 CourseDB，对象名称改为 sa，如图 2-8 所示。

图 2-7 "新建数据库" 对话框

图 2-8 "选择数据库所有者" 对话框

② 设置 CourseDB 行数据文件初始大小为 6MB，文件存储路径为 D:\DATABASE。默认扩

展名为 .mdf。

③ 设置 CourseDB_log 事务日志文件初始大小为 2MB，增长率为 15%、文件存储路径为 D:\DATABASE。默认扩展名为 .ldf。

④ 添加 CourseDB2 行数据文件，文件存储路径为 D:\DATABASE，其他参数为默认。默认扩展名为 .ndf。

图 2-7 中"数据库文件"下的各选项说明如下。

① 逻辑名称：为了在逻辑结构中引用物理文件，SQL Server 给这些物理文件起了逻辑名称。数据库创建后，T-SQL 语句是通过引用逻辑名称来实现对数据库操作的。其默认值与数据库名相同，也可以更改，但每个逻辑名称是唯一的，与物理文件名称相对应。

② 文件类型：用于标识数据库文件的类型，表明该文件是数据文件还是日志文件。

③ 文件组：表示数据文件隶属于哪个文件组，默认文件组是 PRIMARY。在"文件组"下面的栏目框中单击向下按钮，选择"<新文件组>"，用户可以创建文件组，但创建后不能更改，如图 2-9 所示。文件组仅适用于数据文件，而不适用于日志文件。

④ 初始大小。表示对应数据库文件所占磁盘空间的大小，单位为 MB，系统默认为 5MB。在创建数据库时应适当设置该值，如果初始大小过大则浪费磁盘空间，如果过小则需要自动增长，这样会导致数据文件所占的磁盘空间不连续从而降低访问效率。

⑤ 自动增长/最大大小。当数据总量超过初始大小时，需要数据文件的大小能够自动增长，其设置方式如图 2-10 所示，同时也可以设置数据文件的最大大小。

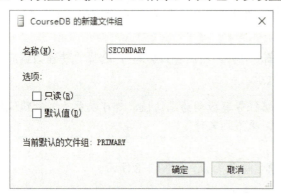

图 2-9　新建 SECONDARY 文件组　　　　图 2-10　自动增长的设置

⑥ 路径。是数据库文件的名称，包括数据文件的具体存放位置，文件夹应该事先建好。数据库文件的存放路径可以修改。

（4）完成数据库的创建

设置完成后单击"确定"按钮，如图 2-11 所示。这时在"对象资源管理器"窗口中将产生一个名为"CourseDB"的节点，在 D:\DATABASE 目录下增加了 3 个相应的文件。

2.2.3　T-SQL 语句创建数据库

【子任务】　创建 CourseDB 学生选课数据库。具体步骤如下：

（1）打开查询编辑器窗口

在 SSMS 集成环境中，在工具栏上选择"新建查询"按钮，打开查询编辑器窗口，如图 2-12 所示。

图 2-11　CourseDB 学生选课数据库参数设置

图 2-12　查询编辑器窗口

（2）输入数据库建立的语句

在查询编辑器窗口中，输入 CourseDB 建立的语句：

```
CREATE DATABASE CourseDB
ON
  PRIMARY
    (NAME='CourseDB_Data',
    FILENAME='D:\DATABASE\CourseDB_Data.mdf',
    SIZE=6MB,
    FILEGROWTH=1MB),
  FILEGROUP SECONDARY
    (NAME='CourseDB_Data2',
    FILENAME='D:\DATABASE\CourseDB_Data2.ndf')
LOG ON
  (NAME='CourseDB_log',
  FILENAME='D:\DATABASE\CourseDB_log.ldf',
  SIZE=2MB,
  FILEGROWTH=15%)
```

注释：

① ON 子句定义数据文件的逻辑名称、文件名称、初始大小及自动增长量等，其中 FILEGROUP 子句定义文件组及次数据文件。

② LOG ON 子句定义事务日志文件的逻辑名称、文件名称、初始大小及自动增长量等。

（3）执行数据库建立的语句

输入、检查语句后，执行语句，即右击"数据库"并选择"刷新"，就能看到 CourseDB 数据库，如图 2-13 所示，说明 CourseDB 已建立。

图 2-13　用命令建立数据库

思考：在 CREATE DATABASE 里 PRIMARY 和 FILEGROUP 是否可以省略？

【练一练】

1）创建一个不带任何参数的数据库 LXDB201，语句如下：

```
CREATE DATABASE LXDB201
```

由该语句创建的数据库，所有设置都采用系统默认值。建立了主数据文件和事务日志文件，放在系统默认位置处。

2）创建一个数据库 LXDB202，指定数据库的数据文件所在位置，语句如下：

```
CREATE DATABASE LXDB202
ON
(NAME=' LXDB202',
 FILENAME='D:\DATABASE\LXDB202.mdf')
```

3）创建含多个数据文件的数据库 LXDB203，指定数据库的数据文件所在位置，语句如下：

```
CREATE DATABASE LXDB203
ON
  (NAME='LXDB2031', FILENAME='D:\DATABASE\LXDB2031.mdf'),
  (NAME='LXDB2032', FILENAME='D:\DATABASE\LXDB2032.ndf'),
  FILEGROUP SECONDARY
  (NAME=' LXDB2033', FILENAME='D:\DATABASE\LXDB2033.ndf')
LOG ON
  (NAME='LXDB203_log',FILENAME='D:\DATABASE\LXDB203_log.ldf')
```

由该语句创建的数据库，建立了 3 个数据文件和 1 个事务日志文件，2 个数据文件放在 PRIMARY 文件组中，一个数据文件放在 SECONDARY 文件组中。其余参数都采用系统默认值。

2.2.4 任务训练与检查

1. 任务训练

1）分别用 SSMS 方式和 T-SQL 语句创建 CourseDB 学生选课数据库，数据库名中加入学号后两位，参数可进行调整，存放位置自定。

2）用 T-SQL 语句创建 BookDB 图书借阅数据库，数据库名中加入学号后两位，参数自拟，存放位置自定。

3）用 T-SQL 语句创建一个不带任何参数的数据库 LXDB204，检查数据库建在什么位置，默认参数是什么。

4）用 T-SQL 语句创建一个数据库 LXDB205，指定数据库文件存放位置，该库含 2 个数据文件和 1 个事务日志文件。

2. 检查与讨论

1）自查并互查任务训练的完成情况，提出问题并讨论。
2）基本知识（关键字）讨论：SSMS、T-SQL 语言、建库语句格式。
3）任务实施情况讨论：SQL Server 数据库建立方法。

任务 2.3　维护数据库

任务 2.3 工作任务单

工作任务	维护数据库	学时	2
所属模块	创建和维护数据库		
教学目标	知识目标：掌握查看、修改和删除数据库的 T-SQL 语句基本语法； 技能目标：能够使用图形化和 T-SQL 语句查看、修改和删除数据库； 素质目标：培养一丝不苟、精益求精的精神		
思政元素	一丝不苟、专注和敬业		
工作重点	使用 T-SQL 语句查看、修改和删除数据库		
技能证书要求	对应《数据库系统工程师考试大纲》中 2.1 数据库技术基础的相关要求		
竞赛要求	各种竞赛中维护数据库是基本要求		
使用软件	SQL Server 2019		
教学方法	教法：任务驱动法、项目教学法、情境教学法等； 学法：上机实践、线上线下混合学习法等		

工作过程	一、课前任务	通过在线学习平台发布课前任务： ● 观看维护数据库的微课视频； 二维码 2-3 ● 完成课前测试
	二、课堂任务	1．课程导入 2．明确学习任务 （1）主任务 维护 CourseDB 数据库。 对学生选课数据库进行查看、修改、删除等维护操作，具体要求及参数： 1）查看 CourseDB 学生选课数据库的基本信息。 2）用 SSMS 方式对 CourseDB 学生选课数据库的数据库文件参数进行修改，如初始大小改为 5MB，事务日志文件的增长率改为 10%等。 3）用 T-SQL 语句对 CourseDB 学生选课数据库的数据库文件参数进行修改，如初始大小改为 6MB，事务日志文件的增长率改为 15%等。 4）分别用 SSMS 方式和 T-SQL 语句删除自建的数据库。 任务所涉及的知识点与技能点如图 2-14 所示。 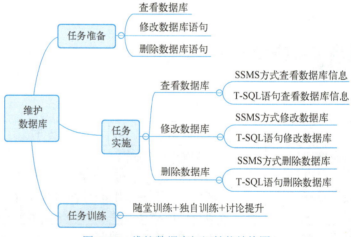 图 2-14 维护数据库知识技能结构图 （2）安全与规范教育 1）安全纪律教育。 2）注意事项。 3．任务前检测 4．任务实施 1）老师知识讲解，演示数据库维护操作。 2）学生练习主任务，并完成任务训练与检查（见 2.3.5 小节）。 3）教师巡回指导，答疑解惑和总结。 5．任务展示

工作过程	二、课堂任务	教师可抽检、全检；学生把任务结果上传到学习平台；学生上台展示等。 6. 任务评价 学生可以互评和自评，也可开展小组评价。 7. 任务后检测 SQL Server 数据库由哪些文件组成？ 8. 任务总结 1）工作任务完成情况：是（　），否（　）。 2）学生技能掌握程度：好（　），一般（　），差（　）。 3）操作的规范性及实施效果：好（　），一般（　），差（　）
	三、工作拓展	维护 HR 数据库
	四、工作反思	

2.3.1 任务知识准备

1. 查看数据库

在实际工作中，经常需要查看已创建数据库的基本信息，以了解它的名称、状态、所有者、创建日期、大小、可用空间、用户数、文件和文件组等详细内容。

2. 修改数据库语句

创建数据库后，可以对它原来的定义进行修改。如扩充或收缩数据库的数据和事务日志空间；增加或减少数据文件和事务日志文件；更改数据库的配置和名称等。可以用 SSMS 方式和用 T-SQL 语句进行修改，用 T-SQL 语句修改数据库语句格式如下：

```
ALTER DATABASE database_name
{
ADD FILE < filepec > [, …n ]
    [TO FILEGROUP filegroup_name | DEFAULT]
|ADD LOG FILE < filepec > [, …n ]
|REMOVE FILE logical_file_name
|MODIFY FILE < filepec > [, …n ]
|ADD FILEGROUP filegroup_name
|REMOVE FILEGROUP filegroup_name
|MODIFY FILEGROUP filegroup_name
    {NAME=new_ filegroup_name
     |DEFAULT
     |< filegrouppec >
    }
    |MODIFY NAME new_database_name
}
```

其中，< filespec >为以下属性的组合：

```
( NAME=logical_file_name
    [, FILENAME='OS_file_name']
    [, SIZE=start_size ]
    [, MAXSIZE={ max_size|UNLIMITED } ]
    [, FILEGROWTH=growth_increment ]
)
```

< filegrouppec >有 READ（只读）、READWRITE（读写）和 DEFAULT（默认）3 种选项。下面介绍修改语句中的参数。

- ADD FILE：增加数据文件；
- TO FILEGROUP：将数据文件添加到指定的文件组；
- ADD LOG FILE：增加事务日志文件；
- REMOVE FILE：删除文件；
- MODIFY FILE：修改文件的属性；
- ADD FILEGROUP：增加文件组；
- REMOVE FILEGROUP：删除文件组；
- MODIFY FILEGROUP：修改文件组名称或属性；
- MODIFY NAME：修改数据库名称。

3．删除数据库语句

当用户数据库确实不再需要时，可以用 SSMS 方式和 T-SQL 语句进行删除，删除语句格式如下：

```
DROP DATABASE database_name[, …n ]
```

2.3.2 查看数据库

【子任务】 查看 CourseDB 学生选课数据库信息。具体步骤如下：

（1）用 SSMS 方式查看 CourseDB 信息

① 在 SSMS 的"对象资源管理器"窗口中，右击"CourseDB"数据库，选择"属性"命令，显示"数据库属性"对话框。

② 在"数据库属性"对话框的"常规"选项卡里，可查看 CourseDB 的基本信息；在"文件"选项卡里，可查看 CourseDB 的文件信息等。

（2）用 T-SQL 语句查看 CourseDB 信息

T-SQL 语句格式如下：

```
[EXEC] sp_helpdb [[@dbname=]'database_name']
```

其中，[@dbname=]'database_name'用于指定要查看信息的数据库名称，如果未指定数据库名称，则显示服务器上所有数据库的信息，如图 2-15 所示。

查看 CourseDB 信息的 T-SQL 语句如下：

```
sp_helpdB. CourseDB
```

2.3.3 修改数据库

【子任务】 修改 CourseDB 学生选课数据库。具体步骤如下：

（1）用 SSMS 方式修改 CourseDB

① 在 SSMS 的"对象资源管理器"窗口中，右击"CourseDB"，选择"属性"命令，出现"数据库属性"对话框。

② 在"数据库属性"对话框的"文件"选项卡里，将数据库文件初始大小改为 5MB，事务日志文件的增长率改为 10%。如图 2-16 所示。

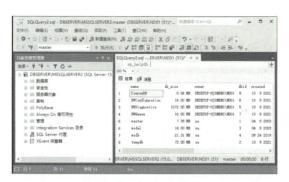

图 2-15　查看服务器上所有数据库的信息　　　　图 2-16　修改数据库属性

③ 在"数据库属性"对话框的"文件"选项卡里，单击"添加"按钮可以增加数据文件和日志文件，单击"删除"按钮可以删除数据文件。

④ 在"数据库属性"对话框的"文件组"选项卡里，单击"添加"按钮可以增加文件组，单击"删除"按钮可以删除文件组。

（2）用 T-SQL 语句修改 CourseDB

将 CourseDB 文件初始大小改为 6MB，事务日志文件的增长率改为 15%，其 T-SQL 语句格式如下：

```
    ALTER DATABASE CourseDB
    MODIFY FILE (NAME=CourseDB_Data, SIZE=6MB)
ALTER DATABASE CourseDB
    MODIFY FILE (NAME=CourseDB_log, FILEGROWTH =15%)
```

练一练

1）将数据库 LXDB201 的名称改为"LXDB206"，语句如下：

```
ALTER DATABASE LXDB201
   MODIFY NAME=LXDB206
```

2）在数据库 LXDB206 中增加一个名为"FG26"文件组，语句如下：

```
ALTER DATABASE LXDB206
   ADD FILEGROUP FG26
```

3）将数据库 LXDB206 中 FG26 文件组改名为"FG261"，语句如下：

```
ALTER DATABASE LXDB206
   MODIFY FILEGROUP FG26 NAME=FG261
```

2.3.4　删除数据库

【子任务】　删除 CourseDB 学生选课数据库。具体步骤如下：

（1）用 SSMS 方式删除数据库

在 SSMS 的"对象资源管理器"窗口中，右击"CourseDB"数据库，选择"删除"，在弹出的对话框中单击"确定"按钮即可删除数据库。

（2）用 T-SQL 语句删除数据库

在 SSMS 查询编辑器中输入语句：

```
DROP DATABASE CourseDB
```

执行上述语句后，即可删除 CourseDB。

练一练

（1）创建两个不带任何参数的数据库 LXDB207 和 LXDB208，语句如下：

```
CREATE DATABASE LXDB207
CREATE DATABASE LXDB208
```

（2）删除数据库 LXDB207 和 LXDB208，语句如下：

```
DROP DATABASE LXDB207, LXDB208
```

2.3.5 任务训练与检查

1. 任务训练

1）分别用 SSMS 方式和 T-SQL 语句对 CourseDB 学生选课数据库的定义进行相应的修改和查看。

2）用 T-SQL 语句对 BookDB 图书借阅数据库的定义进行相应的修改。

3）用 T-SQL 语句创建数据库 LXDB209 和 LXDB210，然后查看它们的属性。

4）用 T-SQL 语句创建一个不带任何参数的数据库 LXDB211，然后用修改语句增加一个数据文件和一个事务日志文件，再查看它们的属性，看看文件有没有增加。

5）用 T-SQL 语句在数据库 LXDB211 中增加一个文件组，名字自拟，然后查看增加情况。

6）用 SSMS 方式删除数据库 LXDB209，用 T-SQL 语句删除数据库 LXDB210 和 LXDB211。

2. 检查与讨论

1）自查并互查任务训练的完成情况，提出问题并讨论。

2）基本知识（关键字）讨论：查看、修改、删除数据库的语句格式。

3）任务完成讨论：查看、修改、删除数据库的方法。

任务 2.4　分离与附加数据库

任务 2.4 工作任务单

工作任务	分离与附加数据库	学时	1
所属模块	创建和维护数据库		
教学目标	知识目标：掌握分离和附加数据库的方法； 技能目标：能熟练分离和附加数据库； 素质目标：培养吃苦耐劳、规范操作的意识		

思政元素	遵守规范、一丝不苟
工作重点	分离和附加数据库
技能证书要求	对应《数据库系统工程师考试大纲》中 2.1 数据库技术基础的相关要求
竞赛要求	在各种竞赛中，管理数据库是基本要求
使用软件	SQL Server 2019
教学方法	教法：任务驱动法、项目教学法、情境教学法等
	学法：上机实践、线上线下混合学习法等

工作过程	一、课前任务	通过在线学习平台发布课前任务： ● 观看分离与附加数据库的微课视频； 二维码 2-4 ● 完成课前测试
	二、课堂任务	1.课程导入 2.明确学习任务 （1）主任务 分离和附加学生选课数据库，具体要求： 1）分离 CourseDB 学生选课数据库。 2）附加 CourseDB 学生选课数据库。 任务所涉及的知识点与技能点如图 2-17 所示。 （2）安全与规范教育 1）安全纪律教育。 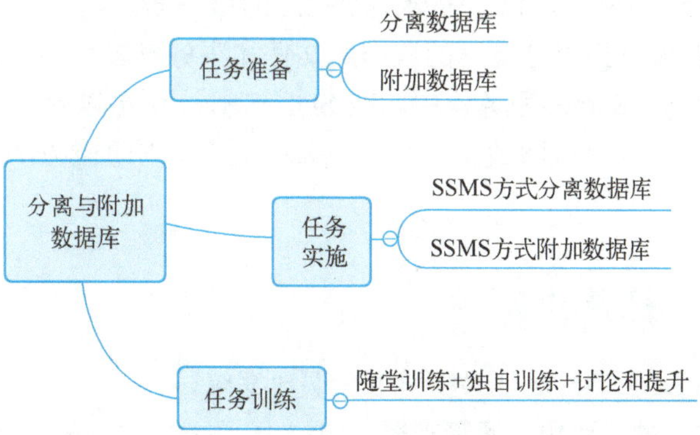 图 2-17 分离与附加数据库知识技能结构图 2）注意事项。 3．任务前检测 4．任务实施 1）老师进行知识讲解，演示分离、附加数据库操作。 2）学生练习主任务，完成任务训练与检查（见 2.4.4 小节）。 3）教师巡回指导，答疑解惑和总结。

工作过程	二、课堂任务	5. 任务展示 教师可以抽检、全检；学生把任务结果上传到学习平台；学生上台展示等。 6. 任务评价 学生可以互评和自评，也可开展小组评价。 7. 任务后检测 SQL Server 数据库由哪些文件组成？ 8. 任务总结 1) 工作任务完成情况：是（ ），否（ ）。 2) 学生技能掌握程度：好（ ），一般（ ），差（ ）。 3) 操作的规范性及实施效果：好（ ），一般（ ），差（ ）
	三、工作拓展	附加和分离 HR 数据库
	四、工作反思	

2.4.1 任务知识准备

当一台计算机上的数据库需要在另一台计算机上使用时，就可以用分离与附加数据库的方法，从一台计算机上分离出来，再附加到另一台计算机上。另外，分离后可以复制备份，需要时附加使用。

分离数据库是指将数据库从 SQL Server 服务器中移除，将数据库与 SQL Server 服务器分离开来，但是对于该数据库文件和事务日志文件保持不变。分离后就可以将该数据库附加到任何 SQL Server 实例中，包括分离该数据库的服务器。

附加数据库是指将分离后的数据库文件和事务日志文件重新定位到不同的 SQL Server 服务器或相同的 SQL Server 服务器中。在 SQL Server 中可以附加分离的或复制的 SQL Server 数据库，包括所有文件可以随数据库一起附加。通常，附加数据库时会将数据库重置为它分离或复制时的状态。

2.4.2 分离数据库

【子任务】 分离 CourseDB 学生选课数据库。

在 SSMS 的"对象资源管理器"窗口中，右击"CourseDB"，在弹出的快捷菜单中选择"任务"→"分离"命令，出现如图 2-18 所示的"分离数据库"对话框，选中"删除连接"和"更新统计信息"选项，单击"确定"按钮即可完成数据库的分离。分离数据库后，右击"对象资源管理器"，选择"刷新"数据库，发现 CourseDB 已经不存在了，说明分离成功。

在图 2-18 所示对话框中，如果在"状态"列显示"就绪"，则表示可以正常分离。如果在"状态"列显示"未就绪"，则表示有用户与该数据库还有连接，此时需要勾选"删除"列，才能成功分离。

图 2-18 "分离数据库"对话框

2.4.3 附加数据库

【子任务】 附加 CourseDB 学生选课数据库。

在 SSMS 的"对象资源管理器"窗口中,右击数据库,在弹出的快捷菜单中选择"任务"→"附加"命令,出现如图 2-19 所示的"附加数据库"对话框,单击"添加"按钮,选择"CourseDB"所在的目录,选择 CourseDB 的主数据文件,单击"确定"按钮,出现如图 2-20 所示的"附加数据库"对话框,单击"确定"按钮即可完成数据库的附加。附加数据库后,右击"对象资源管理器",选择"刷新"数据库,发现 CourseDB 已经存在了,说明附加成功。

图 2-19 "附加数据库"对话框

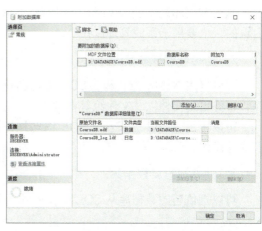

图 2-20 添加了数据文件的"附加数据库"对话框

说明:在数据库的主数据文件中存放了其他文件的相关信息,所以在附加数据库时,只要指定了主数据文件,其他文件的位置也就知道了。但是,如果数据库分离后,移动了其他文件,就会有"找不到"的提示,这时需要用户动手查找文件了。如果附加数据库文件的目录访问权限设置不合适,可能会出现"拒绝访问"的现象,这时就需要改变目录的访问权限。

思考:分离数据库和删除数据库有什么区别?

2.4.4 任务训练与检查

1. 任务训练

1）对 CourseDB 学生选课数据库进行分离操作，分离后数据库文件不要移动，检查分离情况。然后对 CourseDB 学生选课数据库进行附加操作，检查附加情况。

2）对 BookDB 图书借阅数据库进行分离操作，分离后数据库文件不要移动，检查分离情况。然后对 BookDB 图书借阅数据库进行附加操作，检查附加情况。

3）对 BookDB 图书借阅数据库进行分离操作，分离后将数据库文件复制到不同的位置，然后从新位置对 BookDB 图书借阅数据库进行附加操作，检查并分析分离和附加情况。

2. 检查与讨论

1）自查并互查任务训练的完成情况，提出问题并讨论。

2）基本知识（关键字）讨论：数据库的分离与附加。

3）任务完成情况讨论：SQL Server 数据库的分离与附加方法。

小结

1. 了解 SQL Server2019 数据库

数据库文件由主数据文件、次数据文件和事务日志文件等三类文件组成。

文件组是由多个数据文件组成的，SQL Server 是以文件组为单位进行数据存储管理。

系统数据库是安装 SQL Server 后自动创建的系统运行所需要的数据库，是 SQL Server 系统内置的，主要用于系统管理。

2. 创建与维护数据库

可以采用 SSMS 方式和 T-SQL 语句创建用户数据库，确定数据库的主数据文件、次数据文件、事务日志文件以及文件组等参数。

可以采用 SSMS 方式和 T-SQL 语句维护用户数据库，对数据库具体参数进行查看、修改、删除等操作。

3. 分离与附加数据库

可以把创建的数据库从 SQL Server 服务器上分离出来，需要时再附加上去。

课外作业

一、单选题

1. 在 SQL Server 2019 中，（　　）是用于操作和管理系统的。
   A．系统数据库　　　　B．日志数据库　　　　C．用户数据库　　　　D．逻辑数据库

2. 用于数据库恢复的重要文件是（　　）。

A．数据文件　　　　B．索引文件　　　　C．备注文件　　　　D．日志文件
3．主数据文件的扩展名为（　　）。
   A．TXT　　　　　　B．DB　　　　　　C．MDF　　　　　　D．LDF
4．SQL Server 2019 用于建立数据库的语句是（　　）。
   A．CREATE DATABASE　　　　　　B．CREATE INDEX
   C．CREATE TABLE　　　　　　　　D．CREATE VIEW
5．SQL Server 2019 用于修改数据库的语句是（　　）。
   A．MODIFY DATABASE　　　　　　B．ALTER DATABASE
   C．EDIT DATABASE　　　　　　　 D．CHANGE DATABASE
6．次数据文件的扩展名为（　　）。
   A．TXT　　　　　　B．NDF　　　　　　C．MDF　　　　　　D．LDF
7．在创建数据库时，用来指定数据库文件物理存储位置的参数是（　　）。
   A．FILEGROWTH　　B．FILENAME　　　C．NAME　　　　　D．FILE
8．SQL Server 2019 的物理存储主要包括（　　）两类文件。
   A．主数据文件、次数据文件　　　　B．数据文件、事务日志文件
   C．表文件、索引文件　　　　　　　D．事务日志文件、文本文件
9．关于 SQL Server 2019 文件组的叙述不正确的是（　　）。
   A．数据文件一定属于一个且只有一个文件组
   B．事务日志文件并不属于任何文件组
   C．一个文件或文件组只能被一个数据库使用
   D．一个文件组中可以包含数据文件和事务日志文件
10．在 SQL Server 中，将某用户数据库移动到另一个 SQL Server 服务器，应执行（　　）。
   A．分离数据库，再将数据库文件附加到另一个 SQL Server 服务器中
   B．将数据库文件移到另一个 SQL Server 服务器的磁盘中
   C．将数据库文件复制到另一个 SQL Server 服务器的磁盘中
   D．不能实现

二、填空题

1．列举几个 SQL Server 数据库对象，如（　　）、（　　）、（　　）以及（　　）。
2．SQL Server 数据库文件有 3 类：（　　）、（　　）及（　　）。
3．创建数据库可采用（　　）和（　　）两种方式。
4．创建数据库的语句是（　　），修改数据库的语句是（　　），删除数据库的语句是（　　）。
5．一个数据库文件要从一台计算机移到另一台计算机上使用，可以使用（　　）和（　　）方法完成。

三、简答题

1．创建数据库过程中，需要明确哪些主要参数？
2．SQL Server 2019 系统数据库有哪些，主要作用是什么？
3．请列出创建、修改及删除数据库语句的主要关键字。

4．为什么要分离和附加数据库？

四、实践题

1．用 T-SQL 语句创建 HRDBxx 数据库，xx 是学生学号的后两位，存放路径为：D:\DATABASE，其他参数如表 2-3 所示。建好后，查看 HRDBxx 数据库的文件参数。

表 2-3　数据库 HRDBxx 的其他参数

逻辑名称	文件组	初始大小	最大大小	自动增长	文件名
HRDB_Data1	PRIMARY	5MB	30MB	10%	HRDB_Data1.mdf
HRDB_Data2	PRIMARY	10MB	50MB	15%	HRDB_Data1.ndf
HRDB_Data3	Secondary	5MB	不受限制	5MB	HRDB_Data1.ndf
HRDB_log	不适用	3MB	不受限制	20%	HRDB_log.ldf

2．用 T-SQL 语句创建一个数据库 LXDBxx，xx 是学生学号的后两位，存放路径为：D:\DATABASE，该库含 3 个数据文件和 2 个事务日志文件，具体参数自拟。建好后，查看 LXDBxx 数据库的文件参数。

3．用 T-SQL 语句在数据库 HRDBxx 中增加一个 FILEGROUP 文件组，然后用 SSMS 方式查看一下文件组增加情况，再将文件组 FILEGROUP 更名为 Third。在 Third 文件组中增加一个数据文件，具体参数自拟，然后查看修改情况。

4．用 T-SQL 语句将数据库 HRDBxx 中数据文件 HRDB_Data2 的初始大小改为 15MB，最大大小改为 100MB，然后查看修改情况。

5．用 T-SQL 语句创建一个不带任何参数的数据库 LXDB212，然后查看它们的属性，再用 T-SQL 语句删除 LXDB212 数据库。

6．对 HRDBxx 数据库进行分离操作，分离后将数据库文件复制到不同的位置，然后从新位置附加 HRDBxx 数据库，检查并分析分离和附加情况。

子模块 3　创建与维护数据表

数据表是 SQL Server 2019 数据库中最主要的对象，是组织和管理数据的基本单位，用于存储数据库的数据。只有在数据库中建立了数据表，数据库才能真正存储数据。

本模块主要介绍 SQL Server 2019 的数据类型、创建与维护数据表、设置数据表的完整性、更新数据表中的数据等内容。

【学习目标】

- 掌握 SQL Server 2019 数据表的基本结构
- 掌握 SQL Server 2019 的常用数据类型
- 掌握数据表的创建、修改、查看和删除方法
- 掌握数据表中约束的添加、修改和删除方法
- 掌握数据表中数据的输入、修改和删除方法

【学习任务】

任务 3.1　认知 SQL Server 2019 数据表
任务 3.2　创建与维护数据表
任务 3.3　设置数据表的完整性
任务 3.4　更新数据表的数据

任务 3.1　认知 SQL Server 2019 数据表

任务 3.1　工作任务单

工作任务	认知 SQL Server 2019 数据表	学时	1
所属模块	创建和维护数据表		
教学目标	知识目标：熟悉数据表的基本结构和常用数据类型； 技能目标：能根据实际要求为字段设置合理的数据类型； 素质目标：培养精益求精、求真务实的精神		
思政元素	尊重事实、严谨细致		
工作重点	选择正确的数据类型		
技能证书要求	对应《数据库系统工程师考试大纲》中 2.1 数据库技术基础的相关要求		
竞赛要求	在各种竞赛中，建立数据表是基本要求		
使用软件	SQL Server 2019		

教学方法	教法：任务驱动法、项目教学法、情境教学法等；	
	学法：上机实践、线上线下混合学习法等	
工作过程	一、课前任务	通过在线学习平台发布课前任务： ● 观看数据库中数据类型的微课视频； 二维码 3-1 ● 完成课前测试
	二、课堂任务	1．课程导入 2．明确学习任务 （1）主任务 1）熟悉数据表的基本结构。 2）熟悉常用数据类型。 任务所涉及的知识点如图 3-1 所示。 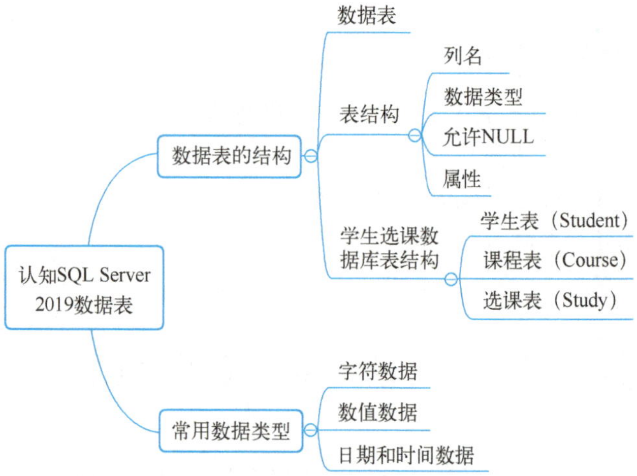 图 3-1　认知 SQL Server 2019 数据表知识结构图 （2）安全与规范教育 1）安全纪律教育。 2）注意事项。 3．任务前检测 4．任务实施 1）老师进行知识讲解，比较和分析。 2）学生理解、讨论、做笔记。 3）教师参与讨论、分析难点。 5．任务展示 　学生在线完成数据库基本数据类型的测试。 6．任务评价 系统自动评分、统计正确率、错误率等，教师针对难点再次分析。 7．任务后检测

工作过程	二、课堂任务	图片应该用哪些数据类型来表示？ 8．任务总结 1）工作任务完成情况：是（ ），否（ ）。 2）学生技能掌握程度：好（ ），一般（ ），差（ ）。 3）操作的规范性及实施效果：好（ ），一般（ ），差（ ）
	三、工作拓展	分析和比较 SQL Server 2019 的数据类型和 Java 的数据类型有哪些异同
	四、工作反思	

3.1.1 数据表的结构

【子任务】 认知数据表的结构。

在 SQL Server 2019 中，数据表是一张二维表，它由行和列组成。在创建数据表时，最主要的就是设计表的结构，即明确列的列名、数据类型、允许 NULL 空值等列的属性。本教材课堂教学用例数据库 CourseDB 含有学生、课程、选课等 3 张数据表，表的结构如表 3-1、表 3-2、表 3-3 所示。如学生表（Student）的结构由 4 列组成，明确了每一列的列名、数据类型、允许 NULL（空）值等规定，明确了数据表的默认值及主键约束等要求。在创建数据表之前需要确定如下内容：

① 表的名字，每个表都必须有一个名字，表名必须遵循 SQL Server 2019 的命名规则，且能够准确表达数据表的内容。

② 表中各列的名字和数据类型，能反映列的实际意义。

③ 表中的列是否允许为空值。

④ 表中的列是否需要约束、默认设置等。

⑤ 表所需要的索引类型和需要建立索引的列。

⑥ 表间的关系，即确定那些列是主键，哪些是外键。

思考：课程表（Course）、选课表（Study）各有多少列组成，主键是哪一列或哪几列，哪一列有设置默认值要求。

表 3-1 学生表（Student）的结构

列名	数据类型	允许 NULL 值	说明
SID	char(8)	否	学号，主键
SName	nchar(4)	否	姓名
SMajor	nchar(8)	否	专业
SSex	nchar(1)	否	性别（"男""女"），默认值为"男"
SBirth	date	是	出生日期
SRcredit	int	是	已修学分
SRemark	nvarchar(20)	是	备注

表 3-2 课程表（Course）的结构

列名	数据类型	允许 NULL 值	说明
CID	char(4)	否	课程号，主键
CName	char(16)	否	课程名
CSemester	tinyint	否	开课学期，只能为 1～6，默认值为 1
CPeriod	int	否	学时
CCredit	tinyint	否	学分

表 3-3 选课表（Study）的结构

列名	数据类型	允许 NULL 值	说明
SID	char(8)	否	学号、课程号，主键
CID	char(4)	否	
Score	int	是	成绩
Grade	numeric(4,1)	是	学分绩点

SQL Server 2019 数据表的结构由列的基本属性、列的属性和表的属性等 3 部分组成，如图 3-2 所示。

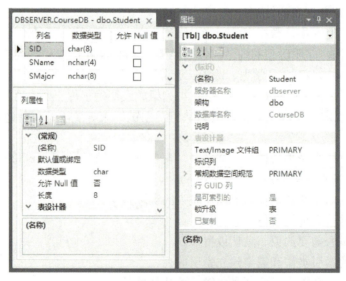

图 3-2 SQL Server 2019 数据表的结构

① 列的基本属性：是指在创建数据表结构时每一列都必须明确的属性，如列名、数据类型、允许 NULL（空值）等。

② 列的属性：包含列的基本属性和其他所有属性，如默认值、排序规则、说明等。

③ 表的属性：是指数据表所具有的属性，如所属服务器名称、架构、所属数据库名称、所属文件组等。架构中的 dbo（database owner）是指数据库所有者，是每个数据库的默认用户，具有所有者权限。在"数据库名.架构名.对象名" 调用格式中，架构名为 dbo 时，可以省略。

3.1.2 常用数据类型

【子任务】 认知常用数据类型。

数据类型是用于存储、检索及解释数据值类型的预先定义的命名方法,它决定了数据在计算机中的存储格式。在 SQL Server 2019 中,数据类型分为两大类:系统预定义类型和用户自定义类型。在创建表时,必须为表中的每列指定一种数据类型。本节介绍 SQL Server 中常用的一些数据类型。即使创建自定义数据类型,它也必须基于一种标准的 SQL Server 数据类型。

1. 字符数据类型

字符数据类型包括 char(n)、varchar(max)、nchar(n)、nvarchar(max)、text 及 ntext,如表 3-4 所示。

表 3-4 字符数据类型

数据类型	字节数	n 的取值范围/字节
char(n)	n 字节	1～8000
varchar(max)	每字符 1 字节＋2 字节	1～8000
nchar(n)	2n 字节＋2 字节	1～4000
nvarchar(max)	2×字符数＋2 字节	1～4000
text	每字符 1 字节	$1\sim2^{31}-1$
ntext	每字符 2 字节	$1\sim2^{30}-1$

2. 数值数据类型

常见数值数据类型如表 3-5 所示。

表 3-5 常见数值数据类型

数据类型		取值范围	字节数
bit	位类型	只能取 0、1、NULL	1
tinyint	整数型	0～255	1
smallint	整数型	-32 768～32 767	2
int	整数型	$-2^{31}\sim2^{31}-1$	4
bigint	整数型	$-2^{63}\sim2^{63}-1$	8
decimal(p,s)	精确数型	$-10^{38}+1\sim10^{3}-1$	视精确度的不同可占 5～17
numeric(p,s)	精确数型	$-10^{38}+1\sim10^{38}-1$	视精确度的不同可占 5～17
float(n)	浮点数型	-1.79E+308～1.79E+308	4 或 8
real	浮点数型	-3.40E+38～3.40E+38	4
money	货币型	$-2^{63}\sim-2^{63}-1$	8
smallmoney	货币型	$-2^{31}\sim-2^{31}-1$	4

decimal 与 numeric 两种数据类型完全相同,decimal 是遵循 ANSI-SQL 92 的规范,因此建议使用 decimal 数据类型。

3. 日期和时间数据类型

日期与时间数据类型如表 3-6 所示。time(n)、datetime2(n)、datetimeoffset(n)中的 n 存储时间数据——秒的小数精度,有效值为 0～7 之间,默认值为 3。如果 n 为 3,则表示存储秒的小数精度为 3 位,即 0.999。

表 3-6 日期和时间数据类型

数据类型	日期范围	字节数
date	0001-01-01～9999-12-31	3
time(n)	00:00:00.0000000～23:59:59.9999999	3～5
datetime	1753-01-01～9999-12-31 时间:00:00:00～23:59:59.997,精确到 0.003s	8

(续)

数据类型	日期范围	字节数
smalldatetime	日期：1900-01-01～2079-06-06 时间：00:00:00～23:59:59	4
datetime2(n)	日期：0001-01-01～9999-12-31 时间：00:00:00～23:59:59.9999999	6～8
datetimeoffset(n)	日期：0001-01-01～9999-12-31 时间：00:00:00～23:59:59.9999999	8～10

任务 3.2 创建与维护数据表

任务 3.2 工作任务单

工作任务	创建与维护数据表	学时	2
所属模块	创建和维护数据库		
教学目标	知识目标：掌握 SQL Server 常见的数据类型和创建表的 T-SQL 语法 技能目标：能够使用图形化和 T-SQL 语句创建数据表 素质目标：培养认真仔细、突破难关的精神		
思政元素	严谨细致、一丝不苟		
工作重点	T-SQL 语句创建数据表		
技能证书要求	对应《数据库系统工程师考试大纲》中 2.1 数据库技术基础的相关要求		
竞赛要求	在各种竞赛中，创建与维护数据表是基本要求		
使用软件	SQL Server 2019		
教学方法	教法：任务驱动法、项目教学法、分析比较法等 学法：上机实践、线上线下混合学习法等		
工作过程	一、课前任务	通过在线学习平台发布课前任务： ● 观看创建与维护数据表的微课视频； 二维码 3-2 ● 完成课前测试	
	二、课堂任务	1. 课程导入 2. 明确学习任务 （1）主任务——创建和维护数据表 对 CourseDB 学生选课数据库，创建与维护数据表，具体要求如下： 1）创建数据表的结构。创建学生、课程、选课 3 张数据表，表的结构如表 3-1、表 3-2、表 3-3 所示。	

工作过程	二、课堂任务	2）修改数据表的结构。对学生表的结构进行增加、修改、移动及删除列操作。 3）删除数据表。创建一个临时数据表，结构自拟，然后删除它。 4）查看数据表信息。查看学生、课程、选课3张数据表的信息。 任务所涉及的知识点与技能点如图3-3所示。 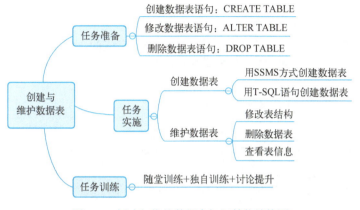 图3-3 创建与维护数据表知识技能结构图 说明：主键、默认值等设置在"设置数据表的完整性"任务中完成。 （2）安全与规范教育 1）安全纪律教育。 2）注意事项。 3．任务前检测 4．任务实施 1）老师进行知识讲解，演示数据表的创建、维护操作。 2）学生练习主任务，并完成任务训练与检查（见3.2.7小节）。 3）教师巡回指导，答疑解惑和总结。 5．任务展示 教师可以抽检、全检；学生把任务结果上传到学习平台；学生上台展示等。 6．任务评价 学生可以互评和自评，也可开展小组评价。 7．任务后检测 char，varchar，nchar数据类型有什么区别？ 8．任务总结 1）工作任务完成情况：是（　），否（　）。 2）学生技能掌握程度：好（　），一般（　），差（　）。 3）操作的规范性及实施效果：好（　），一般（　），差（　）
	三、工作拓展	创建和维护HR数据表
	四、工作反思	

3.2.1 任务知识准备

本节讲的创建数据表主要是指设计与定义表结构。可以使用 SSMS 方式完成，也可以使用 T-SQL 语句完成。下面对 CREATE TABLE、ALTER TABLE、DROP TABLE 这 3 个创建与维护数据表结构的语句进行简单介绍。

1. 创建数据表语句

创建数据表是用 CREATE TABLE 语句完成的，它可以设计和定义一个新数据表的结构。它的完整语法比较复杂，这里只列出基本语法，语句格式如下：

```
CREATE TABLE table_name
  (column_name  data_type
    { [ NULL | NOT NULL ]
      [ PRIMARY KEY | UNIQUE ]
      [ DEFAULT constant_expression ]
    }
    [ ,…n ]
  )
[ON filegroup_name]
```

语句中的参数说明如下。

- table_name：所创建的表名，表名要符合 SQL Server 命名规则。
- column_name：列名，列名要符合 SQL Server 命名规则。
- data_type：列的数据类型。
- NULL | NOT NULL：允许为空值或不允许为空值。
- PRIMARY KEY | UNIQUE：列设置为主键或者列值是唯一的。
- DEFAULT constant_expression：列设置为默认值。
- ON filegroup_name：数据表创建在指定的文件组。
- [,…n]：定义其他列，列定义之间用逗号分隔。

2. 修改数据表语句

修改数据表是用 ALTER TABLE 语句完成的，它用来修改一个已存在表的定义。其语句格式与创建新表的类似，所以语句中的参数不再说明。语句格式如下：

```
ALTER TABLE table_name
{
  ADD column_name data_type [ NULL | NOT NULL ]
    | DROP COLUMN column_name
    | ALTER COLUMN column_name new_data_type [ NULL | NOT NULL ]
  [ ,…n]
}
```

3. 删除数据表语句

删除数据表是用 DROP TABLE 语句完成的，它用来删除数据表及其他的所有数据、索引、约束等。但引用了该数据表的视图和存储过程不能被自动删除，必须用 DROP VIEW 或 DROP PROCEDURE 语句来删除。语句格式如下：

```
DROP TABLE table_name
```

其中 table_name 是要删除数据表的名称。

3.2.2 用 SSMS 方式创建数据表

【子任务】 创建 CourseDB 学生选课数据库中的 Student 数据表结构，该表中只涉及列的定义。Student 数据表的结构如表 3-1 所示。

其创建的具体步骤如下。

（1）进入"表设计器"窗口

在 SSMS 的"对象资源管理器"中，展开 CourseDB 节点，右击"表"对象，出现图 3-4 所示的快捷菜单，在快捷菜单中选择"新建表"选项，出现图 3-5 所示的窗口。

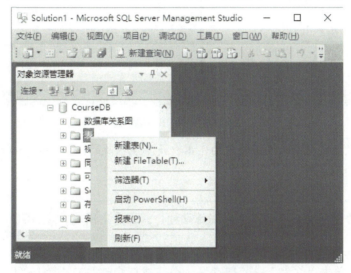

图 3-4 "新建表"的快捷菜单

图 3-5 "表设计器"窗口

"表设计器"窗口主要分为上下两部分。上部分用来定义数据表的列，包括列名、数据类型（含长度）、允许 NULL 值；下部分用来设置列的其他属性，如默认值、排序规则、说明等。

（2）输入和编辑数据表的列属性

进入"表设计器"窗口，如图 3-5 所示，用户可用鼠标、〈Tab〉键或方向键在单元格间移动和选择，逐行输入 Student 数据表的列名、数据类型、允许 NULL 值等属性，具体内容如表 3-1 所示。输入和编辑完成 Student 数据表所有列后的"表设计器"窗口如图 3-6 所示。

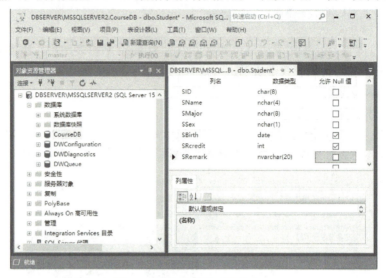

图 3-6　输入和编辑列属性窗口

注意：有些数据类型的长度是固定的，用户是不能修改的，如 date、int 数据类型的长度是固定的，分别为 3 和 4。

提示：本任务暂不考虑表的其他完整性设计，只设置字段是否为 NULL。

（3）保存数据表

输入完成后，单击"文件"→"保存"命令，或直接单击工具栏上"保存"快捷按钮，出现如图 3-7 所示对话框，输入表名称"Student"后，单击"确定"按钮完成数据表的创建。表成功保存后，表设计器窗口中表名后面的"*"不复存在。

图 3-7　"输入表名称"对话框

说明：创建完成数据表后，可在"对象资源管理器"中，右击"表"在出现的快捷菜单中选择"刷新"命令，就可以看到创建的数据表：dbo.Student。

3.2.3　用 T-SQL 语句创建数据表

【子任务】 创建 CourseDB 学生选课数据库中的 Course 数据表和 Study 数据表结构，该子任务中只涉及列的定义。Course 数据表、Study 数据表的结构分别如表 3-2、表 3-3 所示。具体步骤如下：

(1) 创建 Course 数据表

① 在 SSMS 的"对象资源管理器"中，在工具栏上选择"新建查询"按钮，打开查询编辑器窗口，然后输入如下创建 Course 数据表的代码：

```
USE CourseDB
CREATE TABLE Course
 (CID CHAR(4) NOT NULL,
  CName CHAR(16) NOT NULL,
  CSemester TINYINT NOT NULL,
  CPeriod INT NOT NULL,
  CCredit TINYINT NOT NULL
 )
```

注释：
- USE CourseDB 表示引用 CourseDB。
- Course 为数据表的名称。
- NOT NULL 表示不能为空。

② 输入和编辑完成创建表代码后，单击工具栏上的"执行"按钮，完成 Course 数据表的创建。

③ 刷新"对象资源管理器"中的 CourseDB 数据库，检查 Course 数据表是否已经创建了。

思考：在上面代码中 USE CourseDB 是否必须使用？

(2) 创建 Study 数据表

① 在 SSMS 的"对象资源管理器"中，在工具栏上选择"新建查询"按钮，打开查询编辑器窗口，然后输入如下创建 Study 数据表的代码：

```
CREATE TABLE Study
 (SID CHAR(8) NOT NULL,
  CID CHAR(4) NOT NULL,
  Score INT NULL,
  Grade DECIMAL(4,1)
 )
```

② 输入和编辑完成建表代码后，单击工具栏上的"执行"按钮，完成 Study 数据表的创建。

③ 刷新"对象资源管理器"中的 CourseDB，检查 Study 数据表是否已经创建了。

思考：在创建 Study 数据表的 T-SQL 语句中没有 USE CourseDB 语句，可以实现在 CourseDB 数据库中创建 Study 数据表吗？

练一练

1) 创建一个不带任何参数的数据库 LXDB301，语句如下：

```
CREATE DATABASE LXDB301
```

由该语句创建的数据库，所有设置都采用默认值。建立了主数据文件和事务日志文件，放在默认位置里。

2) 在数据库 LXDB301 中，创建一个数据表 Table301，表中至少有 3 个列、3 种数据类型，具体内容自拟，设计并输入 CREATE TABLE 语句。

3) 在查询编辑器中，分析、执行创建表代码。

4) 刷新"对象资源管理器"中的 LXDB301 数据库，检查 Table301 数据表的列设置情况。

3.2.4 修改表结构

【子任务】 修改 CourseDB 学生选课数据库中的数据表结构。

如果数据表中的列数、列定义等发生了变化，用户可以在 SSMS 的"对象资源管理器"中或使用 T-SQL 语句修改数据表的结构，即可以增加列、删除列、修改列的属性等。

> 注意：修改表结构之前，需要在 SSMS 中将"工具"菜单→"选项"→设计器的"阻止保存要求重新创建表的更改(S)"前的钩（√）去掉，否则不能修改表结构。

具体步骤如下：

（1）用 SSMS 方式修改表结构

在 SSMS 的"对象资源管理器"中，右击要修改的表，在弹出的快捷菜单中选择"设计"，出现"表设计器"窗口，进入表结构修改状态，即可修改数据表的结构，类似于设计表结构。还可以增加列、删除列及移动列。

① 在某列前增加列。右击某列，在弹出的快捷菜单中选择"插入列"，会在该列前面增加一个空行，如图 3-8 所示，然后在该行中输入要增加列的列名、数据类型等属性。

图 3-8 增加列时的"表设计器"窗口

② 删除某列。右击某列，在弹出的快捷菜单中选择"删除列"，即可删除该列。

③ 移动某列。选中某列，然后拖动该列到相应位置放开鼠标即可。

（2）用 T-SQL 语句修改表结构

① 增加列。在 CourseDB 的 Student 数据表中，增加一列，具体参数为：列名为 SMail，数据类型为 varchar(20)，允许为空。增加代码如下：

```
USE CourseDB
ALTER TABLE Student
  ADD SMail VARCHAR(20) NULL
```

说明：若要增加多列，用逗号分隔。

② 修改列。在 CourseDB 的 Student 数据表中，将 SMail 列的数据类型修改为 varchar(30)，不允许为空。修改代码如下：

```
USE CourseDB
ALTER TABLE Student
```

```
ALTER COLUMN SMail VARCHAR(30) NOT NULL
```

说明：在修改数据表的列时，只能修改列的数据类型以及列值是否为空。有些数据类型不能修改，如 text、ntext、image 等；有些数据类型的类型不能修改，但可以增加其长度，如 varchar、nvarchar 等。

③ 删除列。在 CourseDB 的 Student 数据表中，删除 SMail 列。删除代码如下：

```
USE CourseDB
ALTER TABLE Student
  DROP SMail
```

说明：若要删除多列，用逗号分隔。若在删除的列上有约束，应先删除约束，再删除该列。

练一练

用 T-SQL 语句完成如下操作：

（1）在 CourseDB 中，创建一个数据表 LXTB301，该表中有两个列分别是 LA 和 LC，LA 列的数据类型为 char(10)，其他属性自拟。
（2）在 LXTB301 数据表中增加一列 LB，其属性自拟。
（3）将 LXTB301 数据表中 LA 列的数据类型长度改为 15。
（4）删除 LXTB301 数据表中的 LC 列。

3.2.5 删除数据表

【子任务】 删除数据库中的数据表。

当一个数据表不再需要使用时，可以将其删除。但要删除的数据表有依赖关系时，是不能直接删除的，只有将依赖关系都删除后才能删除。

具体步骤如下：

（1）用 SSMS 方式删除数据表

在 SSMS 的"对象资源管理器"中，在 CourseDB 中，选择要删除的数据表 LXTB302（预先创建，列定义自拟），右击数据表 LXTB302，在弹出的快捷菜单中选择"删除"，出现如图 3-9 所示的"删除对象"对话框，单击"确定"按钮，即可删除该数据表 LXTB302。

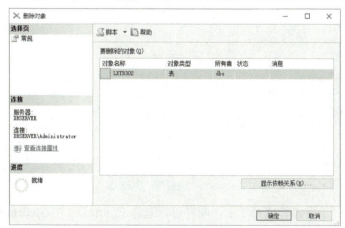

图 3-9 "删除对象"对话框

说明：在图 3-9 中，单击"显示依赖关系"按钮，可以查看依赖和被依赖该表的对象及依赖关系。

（2）用 T-SQL 语句删除数据表

在 CourseDB 中，创建一个数据表 LXTB302（列定义自拟），以备删除之用。在查询编辑器中（见 3.2.3 小节）输入以下语句：

```
USE CourseDB
DROP TABLE LXTB302
```

语句执行后，数据表 LXTB302 将从 CourseDB 中删除。

注意：DROP TABLE 语句可删除数据表的结构及其所有数据、索引、约束等。但引用了该数据表的视图和存储过程不能被自动删除，必须用 DROP VIEW 或 DROP PROCEDURE 语句来删除。

3.2.6 查看表信息

【子任务】 查询 CourseDB 学生选课数据库中数据表的信息。

创建数据表后，可以随时查看数据表的基本信息，以了解它的名称、所有者、类型、创建日期、文件组和列定义等详细内容。

具体步骤如下：

（1）用 SSMS 方式查看数据表信息

在 SSMS 的"对象资源管理器"中，展开 CourseDB 节点，右击 Student 数据表，在弹出的快捷菜单中选择"属性"命令，出现如图 3-10 所示的"表属性"对话框，单击"选择页"中的各选项就可以查看 Student 数据表中的相关信息。

图 3-10 "表属性"对话框

在 SSMS 的"对象资源管理器"中，同样可以查看 CourseDB 中 Student 数据表的列定义，只要单击数据表 Student 左边的"+"后，再单击"列"左边的"+"，展开该表对应的列，双击要查看的列，或者在要查看的列上右击，选择"属性"，就可以查看详细的列信息。

（2）用 T-SQL 语句查看数据表信息

使用系统存储过程 sp_help 语句可以查看数据表的相关信息。查看 CourseDB 中 Student 数据表的列定义及相关信息，其语句代码如下：

```
USE CourseDB
EXEC SP_HELP Student
```

语句执行后，系统显示如图 3-11 所示的 Student 数据表的列定义及相关信息。

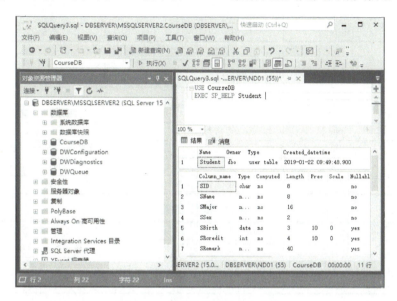

图 3-11　查看指定表的定义信息

3.2.7　任务训练与检查

1．任务训练

1）分别用 SSMS 方式和 T-SQL 语句创建 CourseDB 的 Student、Course、Study 这 3 个数据表。

2）用 T-SQL 语句创建 BookDB 的 Reader、Book、Borrow、RType 这 4 个数据表，数据表的结构分别如表 3-7~表 3-10 所示。

表 3-7　读者表（Reader）的结构

列名	数据类型	允许 NULL 值	说明
RID	char(8)	否	读者号，主键
RName	nchar(4)	否	姓名
RSex	nchar(1)	否	性别（"男""女"），默认值为"男"
RDep	nchar(6)	否	部门
RType	char(2)	否	读者类型，如学生、教师、其他等
RCBnum	tinyint	是	还可借书量
RVnum	tinyint	是	违规次数
RRemark	nvarchar(20)	是	备注

表 3-8　图书表（Book）的结构

列名	数据类型	允许 NULL 值	说明
BID	char(8)	否	图书号，主键
BName	char(22)	否	图书名
BEditor	nchar(4)	否	编著者
BPress	nchar(5)	否	出版社
BPubDate	date	是	出版日期
BPrice	decimal(5,2)	是	定价
BNum	tinyint	是	数量

表 3-9　借阅表（Borrow）的结构

列名	数据类型	允许 NULL 值	说明
RID	char(8)	否	读者号，主键
BID	char(8)	否	图书号，主键
BoDate	date	否	借阅日期，默认值：借阅日
DueDate	date	否	应还日期，默认值：计算日
ReDate	date	是	归还日期
Violation	bit	是	是否违规

表 3-10　读者类型表（RType）的结构

列名	数据类型	允许 NULL 值	说明
RType	char(2)	否	读者类型，主键
RTName	nchar(6)	否	读者类名
RTBnum	tinyint	否	允许借阅量

3）对 BookDB 的数据表结构进行修改训练，训练内容自拟。

4）对 BookDB 的数据表信息进行查询训练，查询要求自定。

2. 检查与讨论

1）自查并互查任务训练的完成情况，提出问题和讨论。

2）基本知识（关键字）讨论：CREATE TABLE、ALTER TABLE、DROP TABLE。

3）任务实施情况讨论：数据表的结构，数据表建立方法。

任务 3.3　设置数据表的完整性

任务 3.3　工作任务单

工作任务	设置数据表的完整性	学时	2
所属模块	创建和维护数据库		
教学目标	知识目标：掌握数据完整性的概念； 技能目标：能够使用图形化和 T-SQL 语句设置完整性约束； 素质目标：培养一丝不苟、心思缜密的精神		
思政元素	严谨细致、专注和执着		
工作重点	T-SQL 语句创建完整性约束		

技能证书要求		对应《数据库系统工程师考试大纲》中 2.1 数据库技术基础的相关要求
竞赛要求		在各种竞赛中，设置数据完整性是基本要求
使用软件		SQL Server 2019
教学方法		教法：任务驱动法、项目教学法、案例分析法等
		学法：上机实践、线上线下混合学习法等
工作过程	一、课前任务	通过在线学习平台发布课前任务： ● 观看设置数据表完整性的微课视频； 二维码 3-3 ● 完成课前测试
	二、课堂任务	1. 课程导入 2. 明确学习任务 （1）主任务——设置数据表完整性约束 　　对 CourseDB 学生选课数据库的行、列、表等对象设置完整性约束： 　　1）设置主键与唯一性约束。设置 CourseDB 中 Student、Course、Study 这 3 个表的表 3-1~表 3-3 主键，设置 Student 表 SName 列的唯一性约束。 　　2）设置默认约束与检查约束。设置 Student 表 SSex 列的默认约束和检查约束，设置 Course 表 CSemester 列的默认约束和检查约束。 　　3）创建外键约束。通过创建数据库关系图方式将 CourseDB 中的 3 张表建立关系，从而创建外键约束。 　　任务所涉及的知识点与技能点如图 3-12 所示。 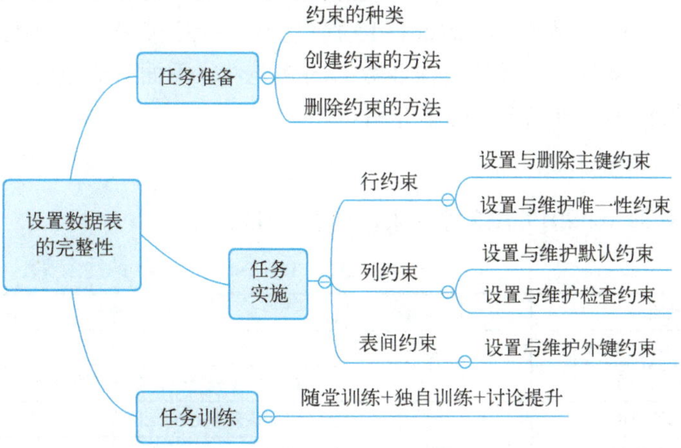 图 3-12 设置数据表的完整性知识技能结构图 （2）安全与规范教育 1）安全纪律教育。

工作过程	二、课堂任务	2）注意事项。 3．任务前检测 4．任务实施 1）老师进行知识的讲解，演示数据表完整性设置的操作。 2）学生练习主任务，并完成任务训练与检查（见3.3.7小节）。 3）教师巡回指导，答疑解惑、总结。 5．任务展示 教师可以抽检、全检；学生把任务结果上传到学习平台；学生上台展示等。 6．任务评价 学生可以互评和自评，也可开展小组评价。 7．任务后检测 哪些约束设置可以保证实体完整性？ 8．任务总结 1）工作任务完成情况：是（ ），否（ ）。 2）学生技能掌握程度：好（ ），一般（ ），差（ ）。 3）操作的规范性及实施效果：好（ ），一般（ ），差（ ）
	三、工作拓展	设置HR数据库的完整性
	四、工作反思	

3.3.1 任务知识准备

为了减少输入错误、防止出现非法数据，用户可以给数据表的行、列及表间设置约束。约束（Constraint）是SQL Server 2019提供的自动保证数据库完整性的一种方法，通过对数据库中数据表设置某种约束条件来保证数据的完整性。下面对约束的种类、创建约束的方法、删除约束、查看约束的方法进行简单介绍。

1. 约束的种类

SQL Server 2019有6种约束，如表3-11所示。

表3-11　SQL Server 2019的约束类型

约束种类	约束对象	说明
PRIMARY KEY	行	主键
UNIQUE		指定一个列值或者多个列的组合值具有唯一性，以防止在列中输入重复的值
NOT NULL	列	定义该列不为NULL值
DEFAULT		指定该列的默认值
CHECK		对输入列的值设置检查条件，以限制不符合条件数据的输入
FOREIGN KEY	表	外键，使外键表中数据与主键表中数据保持一致

（1）主键与唯一性约束

主键约束（PRIMARY KEY）、唯一性约束（UNIQUE）的对象都是行，用以实现实体完整性。

① 主键约束：就是在表中定义一个主键，一个表只能有一个主键，使主键指定的列或多列中的数据值具有唯一性，并规定主键的数据值不允许为空值。在所有的约束类型中，主键约束是最重要的一种约束类型，也是使用最广泛的约束类型。该约束强制实体完整性。在定义主键约束时，同时定义了聚集索引或非聚集索引，索引内容在第 5 章介绍。默认的主键约束是唯一的聚集索引。

② 唯一性约束：用于指定一个列值或者多个列的组合值具有唯一性，以防止在列中输入重复的值。由于主键值是具有唯一性的，因此设置为主键的列不能再设定唯一性约束。

（2）默认与检查约束

默认约束（DEFAULT）、检查约束（CHECK）的对象都是列，用以实现域完整性。非空设置（NOT NULL）也属于这一类。

① 默认约束：用于指定列的默认值，当用户没有对某一列输入数据时，将所定义的默认值作为该列的值。

② 检查约束：用于对输入列的值设置检查条件，以限制不符合条件的数据输入，保证输入的数据都符合条件。

（3）外键约束

外键约束（FOREIGN KEY）的对象是表，使外键表中的数据与主键表中的数据保持一致，即实现表间参照完整性。

2．创建约束的方法

约束可以在创建数据表过程中同时创建，也可以在创建数据表后再创建。可以用 SSMS 方式创建，也可以用 T-SQL 语句创建。用 T-SQL 语句创建约束，有下列三种方法：

① 在新建表时，在单个列定义后，紧接着定义约束；
② 在新建表时，在所有列定义完之后，再定义约束；
③ 在已经创建好的表上，通过修改表的方式添加约束。

3．删除约束的方法

当数据表中或表间的约束不需要时可以将其删除，删除约束可以用 SSMS 方式，也可以使用 SQL 语句方法。

① 用 SSMS 方式。进入要删除约束的"表设计器"窗口，右击"表设计器"窗口的任意位置，在弹出的快捷菜单中选择"关系"，弹出"外键关系"对话框，在该对话框中可删除外键约束；在快捷菜单中选择"索引/键"，则弹出"索引/键"对话框，在该对话框中可以删除主键和唯一性约束；在快捷菜单中选择"CHECK 约束"，可以删除 CHECK 约束。

② 用 T-SQL 语句。使用 DROP 语句可以删除约束，语句格式如下：

```
ALTER TABLE table_name
    DROP CONSTRAINT constraint_name[,…n]
```

4．查看约束的方法

在 SSMS 的"对象资源管理器"中，定位到查看的数据表并展开该表。单击"约束"节点即可看到该表上定义的约束。

3.3.2 设置与删除主键约束

【子任务】 设置 CourseDB 学生选课数据库中 Student、Course、Study 这 3 个数据表的主键。具体步骤如下：

（1）用 SSMS 方式设置与删除主键约束

① 设置主键。在 SSMS 的"对象资源管理器"中展开 CourseDB 及表，右击"Student"表，在弹出的快捷菜单中选择"设计"，进入"表设计器"窗口，右击"SID"列，出现如图 3-13 所示的快捷菜单，选择"设置主键"。此时，在 SID 列前出现钥匙标志，说明设置完成。

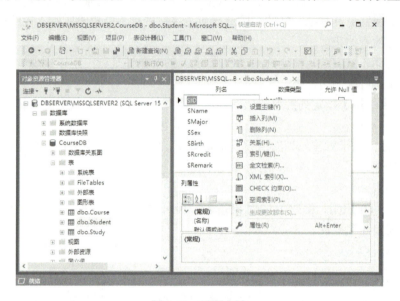

图 3-13 设置主键

提示：设置主键时，请先检查表中数据，必须保证主键数据的唯一性，并且数据不能为空。如果数据有空的或存在数据不唯一情况，主键设置就无法完成。

思考：当主键是由多个列组成时，如选课表的主键是由学号和课程号两个列组成，如何设置？

② 删除主键。在 SSMS 的"表设计器"窗口中，右击要删除主键的列，出现快捷菜单，选择"删除主键"。此时，在该列前的钥匙标志没有了，说明删除完成。

提示：设置/删除主键，还可以用工具栏上的"设置主键/删除主键"按钮 完成。

练一练

用 SSMS 方式，对 Course、Study 表设置主键。Study 表的主键是 SID.CID 的组合，需要使用〈SHIFT〉键选择。

（2）用 T-SQL 语句创建与删除主键约束

以创建 CourseDB 中 Student 数据表的 SID 主键为例，分别给出 3 种方法定义主键约束的语句格式及其相关内容。

① 在新建表时，在单个列定义后，紧接着定义主键约束，语句格式如下：

    [CONSTRAINT constraint_name] PRIMARY KEY

CREATE TABLE Student 语句中的相关内容修改如下：

```
SID. CHAR(8)  CONSTRAINT PK_Student  PRIMARY KEY
```

② 在新建表时，在所有列定义完之后，再定义主键约束，语句格式如下：

```
[CONSTRAINT constraint_name] PRIMARY KEY (column_list)
```

CREATE TABLE Student 语句中添加的相关内容如下：

```
CONSTRAINT PK_Student PRIMARY KEY(SID)
```

说明：主键由多列组成时，列名之间用逗号分隔。

③ 在已经创建好的表上，通过修改表的方式添加或删除约束，语句格式如下：

```
ALTER TABLE table_name
ADD
    [CONSTRAINT constraint_name]
    PRIMARY KEY[CLUSTERED|NONCLUSTERED]
    {(column_name[,…n])}
|DROP constraint_name
```

说明：

constraint_name 指主键约束名称。CONSTRAINT constraint_name 可以省略。如果省略该项，则系统随机给出约束名，建议不要省略，因为维护约束时要用它。

- **CLUSTERED** 表示在该列上建立聚集索引。
- **NONCLUSTERED** 表示在该列上建立非聚集索引。

创建 CourseDB 中 Student 数据表的 SID 主键的 ALTER TABLE 语句如下：

```
ALTER TABLE Student
    ADD CONSTRAINT PK_Student PRIMARY KEY(SID)
```

删除 CourseDB 中 Student 数据表的 SID 主键的 ALTER TABLE 语句如下：

```
ALTER TABLE Student
    DROP CONSTRAINT PK_Student
```

练一练

用 T-SQL 语句，对 Course、Study 表设置主键。Study 表的主键是 SID.CID 的组合，需要使用括号括起来。

3.3.3 设置与维护唯一性约束

【子任务】 设置和维护 CourseDB 学生选课数据库中 Student 表 SName 列的唯一性约束。具体步骤如下：

（1）用 SSMS 方式设置与维护唯一性约束

在 SSMS 的"对象资源管理器"中右击"Student"表，在弹出的快捷菜单中选择"设计"，进入"表设计器"窗口。在表设计器中任意单击某一个字段，在弹出的快捷菜单中选择"索引/键"命令，打开"索引/键"对话框，单击"添加"按钮，添加一个新的"唯一键"，然后在对话框中进行唯一性设置，如图 3-14 所示。

在"索引/键"对话框中左侧，选择已有的"唯一键"，就可以进行修改或删除等维护操作。

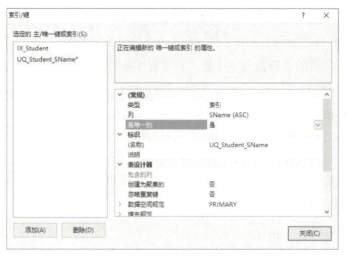

图 3-14 "索引/键"对话框

练一练

用 SSMS 方式,对 Course 表的 CName 列设置唯一性约束。

(2)用 T-SQL 语句创建与维护唯一性约束

下面给出 3 种方法的语句格式和具体语句的相关内容。

① 在新建表时,在单个列定义后,紧接着定义唯一性约束,语句格式如下:

```
[CONSTRAINT constraint_name] UNIQUE
```

CREATE TABLE Student 语句中的相关内容修改如下:

```
SName  CHAR(16) NOT NULL CONSTRAINT UQ_Student_SN UNIQUE
```

② 在新建表时,在所有列定义完之后,再定义唯一性约束,语句格式如下:

```
[CONSTRAINT constraint_name] UNIQUE (column_list)
```

CREATE TABLE Student 语句中添加的相关内容如下:

```
CONSTRAINT UQ_Student_SN UNIQUE(SName)
```

③ 在已经创建好的表上,通过修改表的方式添加约束或删除唯一性约束,语句格式如下:

```
ALTER TABLE table_name
ADD
   [CONSTRAINT constraint_name]
   UNIQUE [CLUSTERED|NONCLUSTERED]
   {(column_name[,…n])}
|DROP constraint_name
```

创建 CourseDB 中 Student 数据表的 SName 列唯一性约束,ALTER TABLE Student 语句如下:

```
ALTER TABLE Student
    ADD CONSTRAINT UQ_Student_SN UNIQUE(SName)
```

执行该语句后,展开 CourseDB 中 Student 数据表的列和键,出现如图 3-15 所示键值:UQ_Student_SN,说明唯一性约束创建完成。

删除 CourseDB 中 Student 数据表的 UQ_Student_SN 约束,ALTER TABLE 语句如下:

```
ALTER TABLE Student
```

```
DROP CONSTRAINT UQ_Student_SN
```

说明：在 SSMS 的"对象资源管理器"中，展开 CourseDB 中 Student 数据表的"键"，右击"UQ_Student_SN"约束，在出现的快捷菜单中选择"删除"按钮，即可删除"UQ_Student_SN"约束。

图 3-15　查看键值

练一练

用 T-SQL 语句，对 Course 表的 CName 列设置唯一性约束。

3.3.4　设置与维护默认约束

【子任务】　设置 CourseDB 学生选课数据库中 Student 数据表的"SSex"列的默认值为"男"。具体步骤如下：

（1）用 SSMS 方式设置与维护默认约束

在 SSMS 的"对象资源管理器"中展开 CourseDB，右击"Student"表，在弹出的快捷菜单中选择"设计"，进入"表设计器"窗口，如图 3-16 所示，选择"SSex"列，在下面列属性的默认值栏中输入：'男'，然后保存"Student"表。此时，展开"Student"表的约束，发现存在"DF_Student_SSex"约束。

如要修改或删除默认约束，只要在相应列属性中对默认值修改或删除就可以了。

说明：创建的默认约束，在 INSERT 语句中不指定该列值时将起作用。

图 3-16　建立默认约束

练一练

用 SSMS 方式，设置 Course 表的 CSemester 列的默认值。

（2）用 T-SQL 语句创建与删除默认约束

下面分别给出 3 种方法的语句格式和具体语句的相关内容。

① 在新建表时，在单个列定义后，紧接着定义默认约束，语句格式如下：

```
CONSTRAINT constraint_name DEFAULT constant_expression
```

CREATE TABLE Student 语句中的相关内容修改如下：

```
SSex  NCHAR(1)  NOT NULL CONSTRAINT DF_Student_SSex DEFAULT '男'
```

② 在新建表时，在所有列定义完之后，再定义默认约束，语句格式如下：

```
CONSTRAINT constraint_name DEFAULT constant_expression FOR column_name
```

CREATE TABLE Student 语句中添加的相关内容如下：

```
CONSTRAINT DF_Student_SSex DEFAULT '男' FOR SSex
```

③ 在已经创建好的表上，通过修改表的方式添加或删除默认约束，语句格式如下：

```
ALTER TABLE table_name
ADD
   [CONSTRAINT constraint_name]
   DEFAULT constant_expression [FOR column_name]
|DROP constraint_name
```

说明：

constraint_name 指默认约束名称。CONSTRAINT constraint_name 可以省略。如果省略该项，则系统随机给出约束名，建议不要省略，因为维护约束时要用它。

创建 CourseDB 中 Student 数据表中 SSex 列的默认值为"男"，ALTER TABLE 语句如下：

```
ALTER TABLE Student
    ADD CONSTRAINT DF_Student_SSex DEFAULT '男'
```

删除 CourseDB 中 Student 数据表中 SSex 列的默认约束，ALTER TABLE 语句如下：

```
ALTER TABLE Student
    DROP CONSTRAINT DF_Student_SSex
```

练一练

用 T-SQL 语句，设置 Course 表中 CSemester 列的默认值。

3.3.5 设置与维护检查约束

【子任务】设置 CourseDB 学生选课数据库的 Student 表中 SSex 列的检查约束，SSex 列的值只能为"男"或"女"。具体步骤如下：

（1）用 SSMS 方式设置与维护检查约束

在 SSMS 的"对象资源管理器"中展开 CourseDB，右击"Student"表，在弹出的快捷菜单中选择"设计"，进入"表设计器"窗口，右击任意字段，在弹出的快捷菜单中选择"CHECK 约束"，弹出"CHECK 约束"对话框，选择"添加"按钮，在表达式中进行正确的设置，输入表达式: (SSex='男' OR SSex='女')，设置标识(名称): CK_Student_SSex，输入说明：性别只能是男或女，如图 3-17 所示。

图 3-17 "CHECK 约束"对话框

在"CHECK 约束"对话框的左侧，选择已有的"CHECK 约束"，就可以修改或删除等维护操作。还可以设置是否对现有数据进行检查等操作。

说明：在 SSMS 的"对象资源管理器"中展开 CourseDB，展开"Student"表，右击"约束"在出现的快捷菜单中选择"新建约束"按钮，可以进入"CHECK 约束"对话框。

练一练

用 SSMS 方式，对 Course 表中 CSemester 列设置检查约束，学期只能为 1~6。

（2）用 T-SQL 语句创建与维护检查约束

给出 3 种方法的语句格式和具体语句的相关内容：

① 在新建表时，在单个列定义后，紧接着定义检查约束，语句格式如下：

```
CONSTRAINT constraint_name CHECK (constant_expression)
```

CREATE TABLE Student 语句中的相关内容修改如下：

```
SSex   NCHAR(1)   NOT NULL CONSTRAINT CK_Student_SSex CHECK(SSex ='男' OR SSex = '女')
```

说明：CHECK(SSex ='男' OR SSex = '女')也可以写成 CHECK(SSex in('男','女'))。

② 在新建表时，在所有列定义完之后，再定义检查约束，语句格式如下：

```
CONSTRAINT constraint_name CHECK (constant_expression)
```

CREATE TABLE Student 语句中添加的相关内容如下：

```
CONSTRAINT CK_Student_SSex CHECK(SSex = '男' OR SSex = '女')
```

③ 在已经创建好的表上，通过修改表的方式添加或删除检查约束，语句格式如下：

```
ALTER TABLE table_name
ADD
    [CONSTRAINT constraint_name] CHECK (constant_expression)
|DROP constraint_name
```

说明：

constraint_name 指检查约束名称。CONSTRAINT constraint_name 可以省略。如果省略该项，则系统随机给出约束名，建议不要省略，因为维护约束时要用它。

创建 CourseDB 的 Student 数据表中 SSex 列的值，只能为"男"或"女"，ALTER TABLE

语句如下：

```
ALTER TABLE Student
    ADD CONSTRAINT CK_Student_SSex CHECK (SSex ='男' OR SSex ='女')
```

删除 CourseDB 的 Student 数据表中 SSex 列的检查约束，ALTER TABLE 语句如下：

```
ALTER TABLE Student
    DROP CONSTRAINT CK_Student_SSex
```

练一练

用 T-SQL 语句，对 Course 表中 CSemester 列设置检查约束，学期只能为 1～6。

思考：检查约束主要作用是什么？

3.3.6 设置与维护外键约束

【子任务】 创建 CourseDB 学生选课数据库中 3 张表之间的约束，即新建 CourseDB 关系图。具体步骤如下：

（1）用 SSMS 方式设置与维护外键约束

① 添加数据表。在 SSMS 的"对象资源管理器"中展开 CourseDB，右击"数据库关系图"，在弹出的快捷菜单中选择"新建数据库关系图"，这时，如果是第一次创建关系图，则会弹出如图 3-18 所示的对话框，选择"是"，进入"添加表"对话框，将 3 张表都添加进去，调整 3 张表的位置后得到如图 3-19 所示的窗口。

图 3-18 提示信息

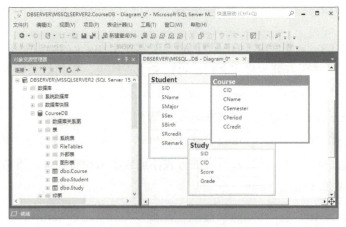

图 3-19 添加表

② 设置外键。单击 Student 表的主键"SID"，按住左键将其拖动到 Study 表的字段"SID"处，然后释放鼠标，弹出"表和列"对话框，如图 3-20 所示，将"主键表"和"外键表"的字段对应起来，单击"确定"后，出现如图 3-21 所示对话框，单击"确定"按钮后，即可完成外键约束的创建。采用同样的办法，在 Course 与 Student 表间建立外键约束。调整完成的数据库

关系图如图 3-22 所示。

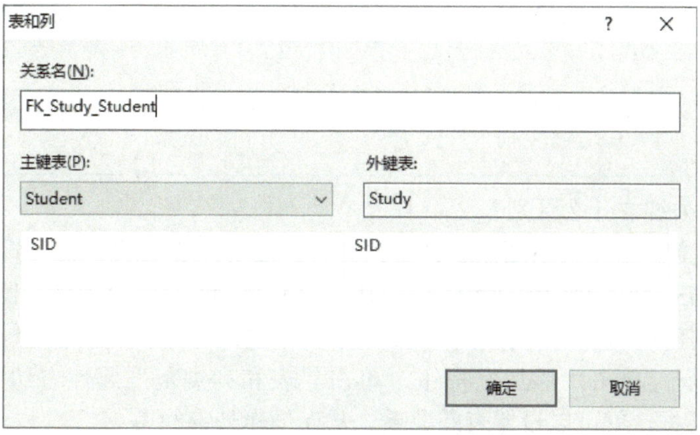

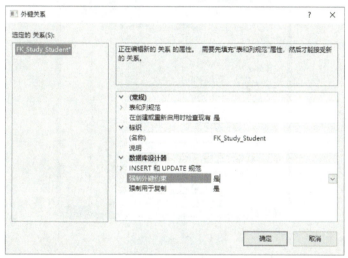

图 3-20 "表和列"对话框

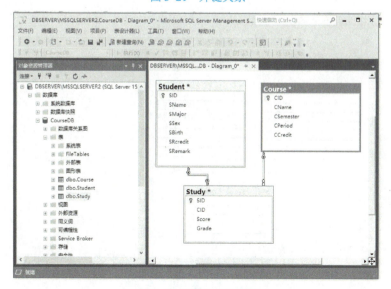

图 3-21 外键关系

图 3-22 数据库关系图

③ 保存数据库关系图。单击工具栏上的"保存"按钮，出现输入关系图名称对话框，输入关系图名称"Diagram_CourseDB"后，单击"确定"按钮，完成外键约束创建，即建立了 CourseDB 关系图。

提示：建好数据库关系图后，即完成了外键约束的创建。建立外键约束还可以通过建立表间关系来完成。

思考：主键和外键有什么区别？

除了用直接建立数据库关系图创建外键约束外，还可以在表设计器中设置表间关系来创建外键约束。在 SSMS 的"对象资源管理器"中，进入 Study 表的"表设计器"窗口，右击"表设计器"窗口中的任何位置，出现如图 3-23 所示对话框，选择"关系"，弹出如图 3-24 所示的"外键关系"对话框，单击"添加"按钮，单击"表和列规范"属性右边的按钮，出现如图 3-19 所示的对话框，就可以设置表间关系，从而创建外键约束。

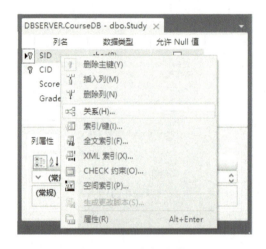

图 3-23 建立关系

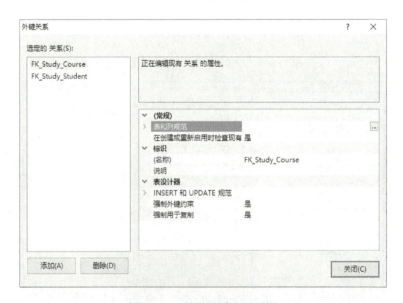

图 3-24 "外键关系"对话框

（2）用 T-SQL 语句创建与维护外键约束

下面以创建 CourseDB 中 Study 表与 Student 表之间的关系为例，给出 3 种方法的语句格式和具体语句的相关内容。

① 在新建表时，在单个列定义后，紧接着定义外键约束，语句格式如下：

```
[CONSTRAINT constraint_name]
[FOREIGN KEY (column_name)]
REFERENCES referenced_table_name ( ref_column_name )
```

CREATE TABLE Study 语句中的相关内容修改如下：

```
SID. CHAR(8) NOT NULL CONSTRAINT FK_Study_Student REFERENCES Student (SID)
```

② 在新建表时，在所有列定义完之后，再定义外键约束，语句格式如下：

```
[CONSTRAINT constraint_name]
FOREIGN KEY (column_name)
REFERENCES referenced_table_name ( ref_column_name )
```

CREATE TABLE Study 语句中添加的相关内容如下：

```
CONSTRAINT FK_Study_Student FOREIGN KEY (SID) REFERENCES Student (SID)
```

③ 在已经创建好的表上，通过修改表的方式添加或删除外键约束，语句格式如下：

```
ALTER TABLE table_name
ADD
  [CONSTRAINT constraint_name]
  FOREIGN KEY (column_name)
  REFERENCES referenced_table_name ( ref_column_name )
|DROP constraint_name
```

说明：

constraint_name 指外键约束名称。CONSTRAINT constraint_name 可以省略。如果省略该项，则系统随机给出约束名，建议不要省略，因为维护约束时要用它。

创建 CourseDB 中 Study 表与 Student 表之间的关系，ALTER TABLE 语句如下：

```
ALTER TABLE Study
    ADD
      CONSTRAINT FK_Study_Student FOREIGN KEY (SID) REFERENCES Student (SID)
```

删除 CourseDB 中 Study 表与 Student 表之间的关系，ALTER TABLE 语句如下：

```
ALTER TABLE Student
    DROP CONSTRAINT FK_Study_Student
```

练一练

1）用 T-SQL 命令，创建 CourseDB 数据库中 Study 表和 Course 表之间的关系。

2）用 T-SQL 语句，删除 CourseDB 数据库中 Study 表与 Course 表之间的关系。

思考：外键约束主要作用是什么？

（3）查看表间的依赖关系

在 SSMS 的"对象资源管理器"中，定位到要查看的 Student 数据表，右击该表，在弹出的快捷菜单中单击"查看依赖关系"命令，出现如图 3-25 所示的对话框。

图 3-25 "依赖关系"对话框

3.3.7 任务训练与检查

1. 任务训练

1）设置 CourseDB 学生选课数据库中 Student、Course、Study 表的主键及数据库关系图。

2）设置 CourseDB 学生选课数据库的 Course 表中 Cname 的唯一性约束。

3）设置 BookDB 图书借阅数据库的 Reader、Book、Borrow、RType 表的主键及数据库关系图。

4）在 BookDB 图书借阅数据库的 Reader 表中，设置 "RSex" 字段为 "男" 或者 "女"，默认值为男。

5）在 BookDB 图书借阅数据库的 Reader 表和 RType 表中，设置 "RType" 字段为 "S1" "T1" "T2" "T3" 或者 "O1"。

6）在 BookDB 图书借阅数据库的 Reader 表中，设置 "RCBnum" 字段的值大于等于 0 且小于等于 30。

2. 检查与讨论

1）自查并互查任务训练的完成情况，提出问题并讨论。

2）基本知识（关键字）讨论：主键、唯一性、默认、检查和外键等约束。

3）任务实施情况讨论：主键、唯一性、默认、检查和外键等约束的设置与维护操作。

任务 3.4　更新数据表的数据

任务 3.4 工作任务单

工作任务	更新数据表的数据	学时	2
所属模块	创建和维护数据库		
教学目标	知识目标：熟悉添加、修改、删除操作的 T-SQL 语法；		

教学目标		技能目标：能够使用图形化和 T-SQL 语句添加、修改和删除表中记录； 素质目标：培养一丝不苟、吃苦耐劳的精神
思政元素		爱岗敬业、一丝不苟
工作重点		T-SQL 语句添加、修改和删除表中记录
技能证书要求		对应《数据库系统工程师考试大纲》中 2.1 数据库技术基础的相关要求
竞赛要求		在各种竞赛中，更新数据表是重要操作
使用软件		SQL Server 2019
教学方法		教法：任务驱动法、项目教学法、案例分析法等； 学法：上机实践、线上线下混合学习法等
工作过程	一、课前任务	通过在线学习平台发布课前任务： ● 观看更新数据表的数据微课视频； 二维码 3-4 ● 完成课前测试
	二、课堂任务	1. 课程导入 2. 明确学习任务 （1）主任务——更新 CourseDB 的数据 对 CourseDB 学生选课数据库中的数据进行增、删、改更新操作： 1）用 SSMS 方式向表添加记录。对 CourseDB 中的 Student、Course、Study 这 3 个表输入内容，3 个表的内容分别如表 3-12～表 3-14 所示。 2）用 INSERT 语句向表中添加记录。 3）分别使用 SSMS 方式和 UPDATE 语句更新表中的记录。 4）分别使用 SSMS 方式和 DELETE 语句删除表中的记录。 任务所涉及的知识点与技能点如图 3-26 所示。 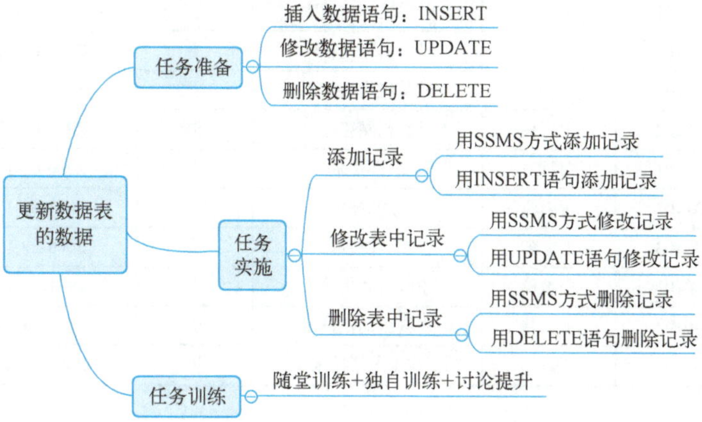 更新数据表的数据 ├─ 任务准备 │ ├─ 插入数据语句：INSERT │ ├─ 修改数据语句：UPDATE │ └─ 删除数据语句：DELETE ├─ 任务实施 │ ├─ 添加记录 │ │ ├─ 用SSMS方式添加记录 │ │ └─ 用INSERT语句添加记录 │ ├─ 修改表中记录 │ │ ├─ 用SSMS方式修改记录 │ │ └─ 用UPDATE语句修改记录 │ └─ 删除表中记录 │ ├─ 用SSMS方式删除记录 │ └─ 用DELETE语句删除记录 └─ 任务训练 └─ 随堂训练+独自训练+讨论提升 图 3-26　更新数据表的数据知识技能结构图

工作过程	二、课堂任务	（2）安全与规范教育 1）安全纪律教育。 2）注意事项。 3．任务前检测 4．任务实施 1）老师进行知识讲解，演示数据表更新的操作。 2）学生练习主任务，并完成任务训练与检查（见 3.4.5 小节）。 3）教师巡回指导，答疑解惑、总结。 5．任务展示 教师可以抽检、全检；学生把任务结果上传到学习平台；学生上台展示等。 6．任务评价 学生可以互评和自评，也可开展小组评价。 7．任务后检测 如果两张表之间有外键关系，如何添加、修改和删除数据？ 8．任务总结 1）工作任务完成情况：是（ ），否（ ）。 2）学生技能掌握程度：好（ ），一般（ ），差（ ）。 3）操作的规范性及实施效果：好（ ），一般（ ），差（ ）
	三、工作拓展	更新 HR 数据库的数据
	四、工作反思	

表 3-12 学生表（Student）的内容

SID	SName	SMajor	SSex	SBirth	SRcredit	SRemark
18011101	王海波	计算机应用技术	男	1999-10-11	30	NULL
18011102	黄江涛	计算机应用技术	男	2000-02-15	31	NULL
18020201	沈芳	计算机网络技术	女	1999-11-18	28	NULL
18020202	王振兴	计算机网络技术	男	2001-01-09	32	NULL
18031101	郑可君	软件技术	女	2000-03-16	33	NULL
18031102	黄明建	软件技术	男	2001-01-15	30	NULL
18031103	李志阳	软件技术	男	2000-09-19	29	NULL
18040101	程慧瑛	电气自动化技术	女	1999-11-12	28	NULL
18040102	王大林	电气自动化技术	男	2000-08-12	31	NULL
18050101	陈军	应用电子技术	男	2001-01-20	32	NULL

表 3-13 课程表（Course）的内容

CID	CName	CSemester	CPeriod	CCredit
0101	C 语言程序设计	2	90	6
0102	数据库技术与应用	2	60	4
0103	Java 程序设计	3	75	5
0104	Python 程序设计	4	60	4
0201	AutoCAD 制图	2	60	4
0202	PLC 控制技术	2	60	4
0203	机器人控制技术	5	45	3
0301	单片机技术	2	90	6
0302	嵌入式系统	3	60	4
0303	电子产品设计	4	60	4

表 3-14 选课表（Study）的内容

SID	CID	Score	Grade
18011101	0101	78	16.8
18011101	0102	85	14.0
18011101	0201	83	13.2
18011102	0102	88	15.2
18020201	0102	77	10.8
18020202	0102	75	10.0
18031101	0101	91	24.6
18040101	0201	93	17.2
18040101	0202	79	11.6
18051301	0301	80	18.0

3.4.1 任务知识准备

创建完数据表、设置好约束之后，就可以在数据表中添加、修改及删除数据记录了。对数据表中数据更新可以使用 SSMS 方式完成，也可以使用 T-SQL 语句完成。下面对 INSERT、UPDATE、DELETE 三个数据更新语句进行简单介绍。

1. 插入数据的语句

插入数据使用 INSERT 语句实现。可以一次插入一行完整数据，即包括所有列，也可以插入部分数据，即在内容允许为空的字段上可以不插入数据内容。可以从其他表中选择符合条件的多行数据一次性插入表中。插入的数据必须符合相应列的数据类型和相应的约束，以保证表中数据的完整性。

① 插入一行数据的语句格式如下：

```
INSERT [ INTO ] table_name [ (column_list) ]
    VALUES (data_values)
```

其中：

- INTO 是任选项，用来增加可读性；
- table_name 是将要插入数据的表；

- column_list 是用逗号分开的表中的列名；
- data_values 是要向上述列中插入的数据，数据间用逗号分开，可以使用 NULL 或 DEFAULT。

如果在 VALUES 选项中给出了所有列的值，则可以省略 column_list 部分。

如果插入的一行记录不包括所有列，则必须在表名后面写上相应的列名，并且要求 data_values 的值与它一一对应。

② 插入多行数据的语句格式如下：

```
INSERT [ INTO ] table_name1 [ (column_list1) ]
SELECT column_list2
FROM table_name2
[WHERE search_conditions]
```

其中：
- table_name1 是将要插入数据的表；
- table_name2 是数据来源的表；

注意：column_list1 和 column_list2 的列数、顺序、数据类型和含义必须严格一一对应。

说明：由于插入多行数据涉及 SELECT 语句，而 SELECT 语句在第 4 章进行专门介绍，所以在本任务中只学习一次性插入一行数据的内容。

2. 修改数据的语句

修改数据使用 UPDATE 语句实现。每个 UPDATE 语句可以修改一行或多行数据，但每次仅能对一个表进行操作。修改数据的语句格式如下：

```
UPDATE table_name SET column_name=expression|NULL|DEFAULT
    [ WHERE search_conditions ]
```

其中：
- SET 指明了将要修改哪些列及改成何值。
- WHERE 用来指明对哪些行进行修改。在修改数据时，一般都有条件限制，否则将修改表中的所有数据，这就可能导致有效数据的丢失。

3. 删除数据的语句

删除数据使用 DELETE 语句实现，一次可以删除一行或多行。删除数据的语句格式如下：

```
DELETE [ FROM ] table_name
    [ WHERE search_conditions ]
```

其中：FROM 是任选项，用来增加可读性。

注意：DELETE 语句表示删除整条记录，不会删除单个列，所以在 DELETE 后不能出现列名。

3.4.2 添加记录

【子任务】 在 CourseDB 学生选课数据库中为 Student、Course、Study 这 3 个数据表输入内容。具体步骤如下：

（1）用 SSMS 方式添加记录

① 进入数据编辑窗口。在 SSMS 的"对象资源管理器"中展开 CourseDB，右击 "Student" 表，在弹出的快捷菜单中选择"编辑前 200 行"，出现类似图 3-27 的窗口，与之不同的是只是数据还没有输入，即表还是空表，等待用户输入数据。

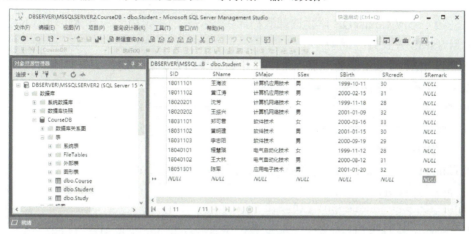

图 3-27　数据编辑窗口

② 输入并编辑数据。直接在表数据编辑窗口输入并编辑数据，在该过程中会自动保存数据完成后如图 3-27 所示。

③ 按照同样的方法可以完成 Course、Study 表内容的输入。

 提示：在表中进行数据输入并编辑时，一定要遵守表结构定义时的数据类型以及各种约束，否则无法输入并编辑数据，会出现警告提示框。

思考：在允许为空值的列上，是否必须要输入内容？

（2）用 INSERT 语句添加记录

向 CourseDB 的 Student 数据表插入一行数据，内容为：18051302、孙小明、应用电子技术、男，其他内容为 NULL。使用的语句如下：

```
INSERT INTO Student(SID,SMajor,Sname)
VALUES('18051302','应用电子技术','孙小明')
```

输入、分析、执行语句后，在 Student 表中增加了一行内容。因为 SSex 列设置了默认约束，所以系统自填入了默认值"男"。

思考：列名次序与表中的列名次序不一样，可以吗？

在插入数据记录时，应注意以下事项：

① 每次插入一整行数据，如果违反字段的非空约束（有默认值的除外），那么插入语句时会检验失败。

② 设置了默认约束的列，可以使用 DEFAULT 插入默认值，对于允许为空的列可使用 NULL 插入空值。

③ 数据值的个数必须与列数相同，每个数据值的数据类型、精度和小数位数也必须与相应的列匹配，即必须一一对应。

④ 对字符类型、日期型的列，当插入数据时需要用单引号将其括起来。

⑤ 插入的数据项需要符合检查约束的要求。

练一练

在 Student 表中插入一整行数据，即包括所有列，内容自拟。要求省略列名。

3.4.3 修改表中记录

【子任务】 修改 CourseDB 学生选课数据库中数据表的指定内容。具体步骤如下：

（1）用 SSMS 方式修改记录

在 SSMS 的"对象资源管理器"中，打开要修改的数据表，定位到要修改的记录处，然后直接修改即可，系统会自动保存修改的内容。

如果要将刚修改过的列内容恢复到修改前，可按〈Esc〉键；如果想放弃正在修改行的所有修改，可以连续按两次〈Esc〉键。

（2）用 UPDATE 语句修改记录

修改 CourseDB 的 Study 数据表中的 Grade 列值，语句如下：

```
UPDATE Study
SET Grade=(Score-60)/10+1.0
```

输入、分析、执行语句后，会对 Study 表中所有行的 Grade 列的值进行修改。

 提示：如果要修改多个列的值，则表达式之间用逗号隔开。

练一练

对 Study 表中所有行的 Score 列的值进行修改，全部提高 5 分。

3.4.4 删除表中记录

【子任务】 删除 CourseDB 学生选课数据库中数据表的指定记录。具体步骤如下：

（1）用 SSMS 方式删除记录

在 SSMS 的"对象资源管理器"中，打开要删除记录的数据表，选择要删除的记录，然后右击该记录，在弹出如图 3-28 所示的快捷菜单里选择"删除"命令，此时将会出现如图 3-29 所示的警告对话框，单击"是"按钮即可完成删除操作。

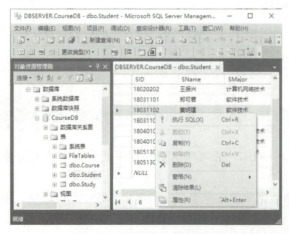

图 3-28 "删除行"对话框

图 3-29 "删除确认"对话框

如果一次要删除多条记录，可以按住〈Shift〉键或〈Ctrl〉键选择多条记录，然后按照上述方法删除它们。

注意：记录删除后不能恢复，所以在删除之前一定要认真确认。

（2）用 DELETE 语句删除记录

在 CourseDB 数据库的 Student 数据表中，删除学号为"18051301"的学生，语句如下：

```
DELETE FROM Student
    WHERE SID='18051301'
```

输入、分析、执行语句后，会对 Student 表中学号为"18051301"的行进行删除操作。

提示：当省略 WHERE 子句时，表示删除表中的所有记录，一定要慎重。

3.4.5 任务训练与检查

1．任务训练

1）对 CourseDB 学生选课数据库中的 Student、Course、Study 这 3 个表输入内容，其内容如表 3-12～表 3-14 所示。

2）对 BookDB 图书借阅数据库中的 Reader、Book、Borrow、RType 这 4 个表输入内容，其内容如表 3-15～表 3-18 所示。

表 3-15　读者表（Reader）的内容

RID	RName	RSex	RDep	RType	RCBnum	RVnum	RRemark
18011101	王海涛	男	计算机系	S1	4	0	NULL
18011102	黄江山	男	计算机系	S1	4	0	NULL
18020201	张芳	女	计算机系	S1	2	0	NULL
18031101	沈振国	男	计算机系	S1	5	0	NULL
18040101	黄文君	女	自动化系	S1	5	0	NULL
18040102	王明伟	男	自动化系	S1	5	0	NULL
18051301	刘志恒	男	电子系	S1	3	0	NULL
19980703	李慧英	女	计算机系	T1	19	1	NULL
20081102	沈成	男	自动化系	T1	19	2	NULL
20180301	陈大河	男	电子系	T2	14	0	NULL

表 3-16　图书表（Book）的内容

BID	BName	BEditor	BPress	BPubDate	BPrice	BNum
51150001	中文版 AutoCAD 教程	张静然等	大学出版社	2015-07-01	39.00	5
51180001	TCP/IP 入门经典	吴浩德	通信出版社	2018-05-01	38.50	5
51170001	中文版 Photoshop 教程	张忠良	教育出版社	2017-07-01	41.00	4
51180002	C 语言程序设计	刘文林等	工业出版社	2018-08-01	45.00	3
51170002	HTML5+CSS3 开发教程	黄光程等	通信出版社	2017-08-01	35.50	5
51180003	Java 程序设计	刘志华等	交通出版社	2018-08-01	29.80	6
51180004	人工智能概论	王奇	教育出版社	2018-10-01	98.00	2
51170003	SQL Server 数据库教程	王冬梅等	工业出版社	2017-08-01	55.00	3
51180005	软件工程与 UML 案例分析	张小芳	交通出版社	2018-01-01	48.50	4
51180006	Python 程序设计案例教程	胡新辉等	工业出版社	2018-08-01	79.00	2

表 3-17 借阅表（Borrow）的内容

RID	BID	BoDate	DueDate	ReDate	Violation
18011101	51150001	2018-09-15	2018-12-15	2018-10-28	False
18051301	51150001	2018-09-20	2018-12-20	2018-11-15	False
18051301	51180001	2018-09-20	2018-12-20	2019-01-10	True
18011102	51180002	2018-09-21	2018-12-21	2018-12-10	False
18020201	51170001	2018-09-23	2018-12-23	2018-12-12	False
18020201	51150001	2018-09-25	2018-12-25	2018-11-18	False
18020201	51170003	2018-09-25	2018-12-25	2018-12-28	True
20180301	51180004	2018-05-15	2018-11-15	2018-11-22	True
20081102	51180006	2018-06-24	2018-12-24	2018-10-14	False
19980703	51180005	2018-07-12	2019-01-12	2018-11-28	False

表 3-18 读者类型表（RType）的内容

RType	RTName	RTBNum
S1	学生	5
T1	专任教师	20
T2	辅导员	15
T3	行政管理人员	10
O1	其他人员	5

3）对 BookDB 图书借阅数据库中的 Reader、Book、Borrow 这 3 个表，使用 INSERT 语句各插入一条记录，内容自拟。

4）使用 UPDATE 语句分别对刚插入的 3 条记录修改其中一个字段。

5）使用 DELETE 语句删除刚插入的 3 条记录。

2．检查与讨论

1）自查并互查任务训练的完成情况，提出问题并讨论。

2）基本知识（关键字）讨论：INSERT、UPDATE、DELETE。

3）讨论 T-SQL 语句使用问题：INSERT、UPDATE、DELETE 语句使用情况。

小结

1．了解数据表的结构和数据类型

在 SQL Server 2019 中，数据表是一张二维表，它由行和列组成。在创建数据表时，最主要的工作就是设计表的结构，即明确列的列名、数据类型、允许 NULL（空）值等列的属性。

数据类型用于存储、检索及解释数据值类型，需要预先给数据进行定义，它决定了数据在计算机中的存储格式。在创建表时，必须为表中的每列指定一种数据类型。

2．创建与维护数据表

创建与维护数据表主要是指设计、定义及维护数据表的结构。可以使用 SSMS 方式完成，也可以使用 CREATE TABLE、ALTER TABLE、DROP TABLE 这 3 个 T-SQL 语句完成。

3. 设置数据表的完整性

用户可以给数据表设置约束，保证数据表的完整性。约束（Constraint）是通过对数据库的数据表中的行、列或表间设置某种约束条件来保证数据的完整性。

主键约束（PRIMARY KEY）、唯一性约束（UNIQUE）的对象都是行，用以实现实体完整性。

默认约束（DEFAULT）、检查约束（CHECK）、非空设置（NOT NULL）的对象都是列，用以实现域完整性。

外键约束（FOREIGN KEY）的对象是表，使外键表中的数据与主键表中的数据保持一致，用以实现表间参照完整性。

4. 更新数据表的数据

创建完数据表、设置好约束之后，就可以在数据表中添加、修改及删除记录了。对数据表中数据的更新可以使用 SSMS 方式完成，也可以使用 INSERT、UPDATE、DELETE 这 3 个 T-SQL 语句完成。

课外作业

一、选择题

1. SQL Server 2019 字符型数据类型主要包括（   ）。
   A. varchar、char、int   B. char、money、int
   C. char、varchar、text   D. varchar、text、datetime
2. 设计表结构时，学号为 10 个数字长度，对该列最好采用（   ）数据类型。
   A. INT   B. CHAR   C. VARCHAR   D. TEXT
3. 用于修改数据表结构的语句是（   ）。
   A. MODIFY TABLE   B. ALTER TABLE
   C. EDIT TABLE   D. CHANGE TABLE
4. 用于修改数据表数据的语句是（   ）。
   A. MODIFY TABLE   B. ALTER TABLE
   C. EDIT TABLE   D. UPDATE SET
5. 表的主键约束是用来实现数据的（   ）。
   A. 实体完整性   B. 域完整性
   C. 参照完整性   D. 都不是
6. 不允许在数据表中出现重复行的约束是通过（   ）实现。
   A. 非空约束   B. 唯一约束   C. 检查约束   D. 外键约束
7. 用于更新数据表数据语句是（   ）。
   A. INSERT、MODIFY、DELETE
   B. INSERT、UPDATE、DELETE
   C. INSERT、EDIT、DELETE

D. INSERT、CHANGE、DELETE

8. 用于设置表间约束的关键字是（　　）。
   A. PRIMARY KEY　　　　　　B. FOREIGN KEY
   C. CHECK　　　　　　　　　D. UNIQUE

9. 用于设置行约束的关键字是（　　）。
   A. NOT NULL　　　　　　　B. DEFAULT
   C. CHECK　　　　　　　　　D. UNIQUE

10. 用于设置列约束的关键字是（　　）。
    A. PRIMARY KEY　　　　　　B. FOREIGN KEY
    C. CHECK　　　　　　　　　D. UNIQUE

二、填空题

1. 在一个数据表中只能定义（　　）个主键约束，可以定义（　　）个唯一性约束。
2. 表的 CHECK 约束是用来强制数据的（　　）完整性。
3. 表的 FOREIGN KEY 约束用来实现的数据的（　　）完整性。
4. 用 ALTER TABLE 语句可以添加、（　　）、（　　）表的字段。
5. 数据表中插入、修改和删除数据的语句分别是（　　）、（　　）和（　　）。

三、简答题

1. 请列出 5 种 SQL Server 2019 常用数据类型，并进行使用说明。
2. 创建与维护数据表有哪几种方法？请列出相关 T-SQL 语句。
3. 请分别列出对行、列、表进行约束的约束种类？

四、实践题

1. 用 T-SQL 语句创建 HRDBxx（xx 是学号末两位）数据库中的数据表结构，员工基本信息表、学习经历信息表、工作经历信息表、工资信息表、部门信息表的结构分别如表 3-19～表 3-23 所示。

表 3-19　员工基本信息表（Employee）的结构

列名	数据类型	允许 NULL 值	说明
ENo	char(8)	否	员工编号，主键
EName	nchar(4)	否	姓名
ESex	nchar(1)	否	性别（"男""女"）
EBirth	date	否	出生日期
Education	nchar(10)	否	学历学位
EMarriage	nchar(2)	是	婚姻状况（"已婚""未婚"）
EUtime	date	是	进单位时间
ETel	char(11)	是	手机号，1 开头的 11 位数字
EAddress	varchar(30)	是	通信地址
EID	char(18)	是	身份证
DNo	char(3)	否	部门编号，外键

表 3-20 学习经历信息表（Study）的结构

列名	数据类型	允许 NULL 值	说明
ENo	char(8)	否	员工编号
School	nchar(8)	否	学校
Major	nchar(8)	否	专业
Stime	date	否	起始时间
Etime	date	否	终止时间
Education	nchar(10)	是	学历学位

表 3-21 工作经历信息表（Work）的结构

列名	数据类型	允许 NULL 值	说明
ENo	char(8)	否	员工编号
Company	nchar(8)	否	单位
Post	nchar(5)	否	任职岗位
Stime	date	否	起始时间
Etime	date	否	终止时间

表 3-22 工资信息表（Salary）的结构

列名	数据类型	允许 NULL 值	说明
ENo	char(8)	否	员工编号
BasicSal	numeric(8,2)	否	基本工资
Subsidy	numeric(8,2)	否	补贴
Bonus	numeric(8,2)	是	奖金
Dewage	numeric(8,2)	是	应扣工资
Rwages	numeric(9,2)	是	实际工资
STax	numeric(8,2)	是	所得税

注：实际工资=基本工资+补贴+奖金-应扣工资-所得税。

表 3-23 部门信息表（Department）的结构

列名	数据类型	允许 NULL 值	说明
DNo	char(3)	否	部门编号，主键
DName	nchar(8)	否	部门名称

2．根据 HRDBxx 数据库的各表结构中的说明和实际要求，对表 3-19～表 3-23 分别设置必要的完整性约束。

3．用 SSMS 方式，自拟数据，对表 3-19～表 3-23 分别输入两行数据。数据必须符合约束要求，否则无法输入。

4．用 T-SQL 语句，自拟数据，对表 3-19～表 3-23 分别插入一行数据。数据必须符合约束要求，否则无法插入。

5．用 T-SQL 语句，计算实际工资。

模块2

数据库应用

子模块 4　数据库查询与统计

　　数据库查询是数据库系统中最基本的也是最重要的操作。在 SQL Server 2019 中，可以使用 SELECT 语句执行数据的查询操作，该语句具有非常灵活的使用方式和丰富的功能，可以进行简单查询、统计查询、连接查询和子查询等。掌握 SELECT 语句的正确使用对学习和开发数据库系统是非常重要的。

　　本模块主要介绍关系运算与 SELECT 语句，对数据库进行简单查询、统计查询、连接查询、子查询的基本方法。

【学习目标】

- 掌握关系运算的基本概念与 SELECT 语句的基本语法
- 学会使用 SELECT 语句进行简单查询
- 学会使用 SELECT 语句进行统计查询
- 学会使用 SELECT 语句进行连接查询
- 学会使用 SELECT 语句进行子查询

【学习任务】

任务 4.1　认知关系运算与 SELECT 语句
任务 4.2　简单查询
任务 4.3　统计查询
任务 4.4　连接查询
任务 4.5　子查询

任务 4.1　认知关系运算与 SELECT 语句

任务 4.1 工作任务单

工作任务	认知关系运算与 SELECT 语句	学时	1
所属模块	数据库查询与统计		
教学目标	知识目标：掌握关系运算的基本概念； 技能目标：能够使用 SELECT 语句查询数据； 素质目标：培养勇于探索、专注执着的职业精神		
思政元素	精益求精、专注和敬业		
工作重点	SELECT 语句实现数据查询		
技能证书要求	对应《数据库系统工程师考试大纲》中 2.1 数据库技术基础的相关要求		

竞赛要求		在各种竞赛中，数据查询是重要操作
使用软件		SQL Server 2019
教学方法		教法：任务驱动法、项目教学法、情境应用等
		学法：上机实践、线上线下混合学习法等
工作过程	一、课前任务	通过在线学习平台发布课前任务： ● 观看数据查询的微课视频； 二维码 4-1 ● 完成课前测试
	二、课堂任务	1．课程导入 2．明确学习任务 （1）主任务 1）掌握关系运算的基本概念。 2）掌握 SELECT 语句的基本语法。 任务所涉及的知识点如图 4-1 所示。 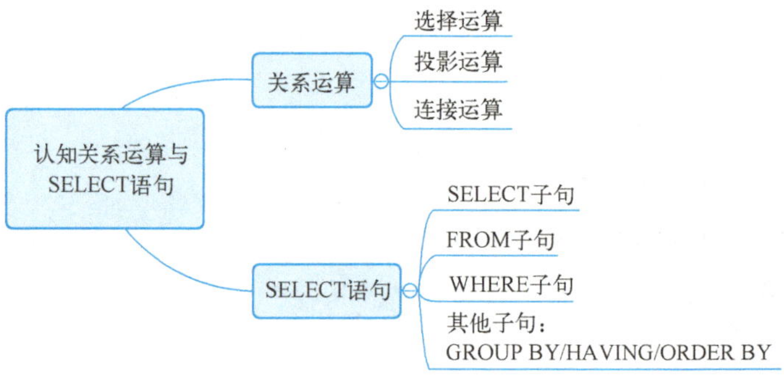 图 4-1 关系运算与 SELECT 语句的知识结构图 （2）安全与规范教育 1）安全纪律教育。 2）注意事项。 3．任务前检测 4．任务实施 1）老师进行知识讲解，演示 Select 查询的操作。 2）学生练习主任务，并完成"练一练"。 3）教师巡回指导，答疑解惑，总结。 5．任务展示 分组解释数据库查询为什么会出现笛卡尔积。 6．任务评价 学生互评，老师点评。 7．任务后检测 举例说明交集运算？

工作过程	二、课堂任务	8. 任务总结 1）工作任务完成情况：是（ ），否（ ）。 2）学生技能掌握程度：好（ ），一般（ ），差（ ）。 3）操作的规范性及实施效果：好（ ），一般（ ），差（ ）
	三、工作拓展	举例说明 HR 数据库中有哪些查询要求
	四、工作反思	

4.1.1 关系运算

【子任务】 认知 3 种基本关系运算。

关系数据库是建立在关系数据模型基础上的，它对数据的操作定义了一组专门的关系运算：选择、投影和连接。关系运算的特点是运算的对象和结果都是表（关系）。

1. 选择运算

选择运算是从某个给定的表中筛选出满足条件的行形成一个新表，它是单目关系运算。可形式定义为：

$$\sigma_F(R)=\{t|t\in R \wedge F(t)\}$$

其中，σ 是选择运算符，F 是一个条件表达式，R 是被运算的表，t 是 R 表中符合条件的行，$\sigma_F(R)$ 是 R 表上符合条件 F 的行 t 的集合，它是 R 表的一个新表。

若在 CourseDB 学生选课数据库的学生表（Student）中找出性别为"男"且已修学分（SRcredit）在 30 分以上的行，形成一个新表，则选择运算式为：σ_F(Student)，其中 F 为 SSex="男"∧SRcredit>30。该选择运算的结果如表 4-1 所示。

表 4-1 新学生表的内容（选择运算）

SID	SName	SMajor	SSex	SBirth	SRcredit	SRemark
18011102	黄江涛	计算机应用技术	男	2000-02-15	31	NULL
18020202	王振兴	计算机网络技术	男	2001-01-09	32	NULL
18040102	王大林	电气自动化技术	男	2000-08-12	31	NULL
18050101	陈军	应用电子技术	男	2001-01-20	32	NULL

说明：原学生表的内容如表 3-12 所示。

2. 投影运算

选择运算是从某个表中选取一个"行"的子集，而投影运算实际上是生成一个表的"列"的子集，它是从给定表中保留指定的列子集而删去其余列，形成一个新表，它也是单目关系运算。可将形式定义为：

$$\pi_A(R)=\{t[A]|t\in R\}$$

其中，π 是投影运算符，R 是被运算的表，A 是 R 表上的列子集，t 是 R 表的一个元组（行），$t[A]$ 表示元组 t 中对应于列子集 A 的一个分量，$π_A(R)$ 是 R 表中只有 A 列的行 t 的集合，即是 R 表的一个新表，该新表中的行数与 R 表中的行数相同，但列数不同。

若在 CourseDB 学生选课数据库的学生表（Student）中对姓名（SName）、专业（SMajor）、性别（SSex）、已修学分（SRcredit）进行投影，形成一个新表，则投影运算式为：$π_A$(Student)，其中 A 为 SName，SMajor，SSex，SRcredit。该投影运算的结果如表 4-2 所示。

表 4-2 新学生表的内容（投影运算）

SName	SMajor	SSex	SRcredit
王海波	计算机应用技术	男	30
黄江涛	计算机应用技术	男	31
沈芳	计算机网络技术	女	28
王振兴	计算机网络技术	男	32
郑可君	软件技术	女	33
黄明建	软件技术	男	30
李志阳	软件技术	男	29
程慧瑛	电气自动化技术	女	28
王大林	电气自动化技术	男	31
陈军	应用电子技术	男	32

3. 连接运算

连接运算是从两个给定表的笛卡儿积中选择满足一定条件的行的子集，形成一个新表，它是双目关系运算。可将形式定义为：

$$R×S(AθB)=\{rs|r∈R \wedge s∈S \wedge r[A]\,θ\,s[B]\}$$

其中，A 是表 R 中的列组合，B 是表 S 中的列组合，也可以是单个列，它们的列数相同且可以比较。θ 为算术比较运算符（即 <、>、≤、≥、=、≠）。$R×S$ 是表 A 与表 B 的笛卡儿积，$AθB$ 是选择条件，r 是表 R 中的列，s 是表 S 中的列，rs 是表 R 与表 S 的列组合，$r[A]θs[B]$ 是具体的选择条件。

注意：连接运算中通常会包含选择运算和投影运算，这样连接运算的结果更会满足实际要求。

若在 CourseDB 学生选课数据库中，查找王海波学生的选课情况（姓名、课程名、成绩），就需要使用连接运算，因为姓名（SName）在学生表（Student）、课程名（CName）在课程表（Course）、成绩（Score）在选课表（Study）。关系运算如下：

① Student×Study（Student.SID=Study.SID），形成新表 $R1$，在 $R1$ 表中包含学生表和选课表中的所有列。

② $R1$×Course（$R1$.CID=Course.CID），形成新表 $R2$，在 $R2$ 表中包含学生表、课程表及选课表中的所有列。

③ $σ_F$($R2$)，其中 F 为 SName="王海波"，形成新表 $R3$，在 $R3$ 表中包含学生表、课程表及选课表中的所有列，但只有一个王海波学生。

④ $\pi_A(R3)$，其中 A 为 SName，CName，Score，形成新表 $R4$，在 $R4$ 表中只含王海波学生的选课情况。该连接运算的结果如表 4-3 所示。

表 4-3 新表 $R4$ 的内容

SName	CName	Score
王海波	C 语言程序设计	78
王海波	数据库技术与应用	85
王海波	AutoCAD 制图	83

4.1.2 SELECT 语句

【子任务】 认知 SELECT 语句结构。

SELECT 语句格式如下：

```
SELECT select_list
[ INTO new_table]
FROM table_source
[ WHERE search_condition]
[ GROUP BY group_by_expression]
[ HAVING search_condition]
[ ORDER BY order_expression [ ASC|DESC ]]
```

其中：

① SELECT 子句。指定由查询返回的列，若是所有列可以使用*代替。

② INTO 子句。将检索结果存储到新表或视图中。

③ FROM 子句。指定引用的列所在的表或视图。如果对象不止一个，那么它们之间必须用逗号分开。

④ WHERE 子句。指定用于限制返回的行的查询条件。如果 SELECT 语句没有 WHERE 子句，DBMS 假设目标表中的所有行都满足查询条件。

⑤ GROUP BY 子句。指定用来放置输出行的组，并且如果 SELECT 子句<select list>中包含聚合函数，则计算每组的汇总值。

⑥ HAVING 子句。指定组或聚合的查询条件。HAVING 通常与 GROUP BY 子句一起使用。如果不使用 GROUP BY 子句，HAVING 的行为与 WHERE 子句一样。

⑦ ORDER BY 子句。指定结果集的排序。其中，ASC 关键字表示升序排列结果，DESC 关键字表示降序排列结果。如果没有指定任何一个关键字，那么 ASC 就是默认的关键字。如果没有 ORDER BY 子句，DBMS 将根据输入表中的数据的存放位置来显示数据。

练一练

1）若在 CourseDB 的学生表（Student）中找出性别为"男"且已修学分（SRcredit）在 30 分以上的学生，SELECT 语句如下：

```
SELECT *
FROM Student
WHERE SSex="男"AND SRcredit>30
```

2）若在 CourseDB 的学生表（Student）中对姓名（SName）、专业（SMajor）、性别

（SSex）、出生日期（SBirth）进行投影，SELECT 语句如下：

```
SELECT SName、SMajor、SSex、SBirth
FROM Student
```

任务 4.2　简单查询

任务 4.2 工作任务单

工作任务	简单查询	学时	2
所属模块	数据库查询与统计		
教学目标	知识目标：掌握投影、选择和排序在查询的应用； 技能目标：能够使用 Select 语句实现简单查询； 素质目标：培养认真细致、一丝不苟的精神		
思政元素	脚踏实地、知行合一		
工作重点	实现选择、排序查询		
技能证书要求	对应《数据库系统工程师考试大纲》中 2.1 数据库技术基础的相关要求		
竞赛要求	在各种竞赛中，数据查询是重要操作		
使用软件	SQL Server 2019		
教学方法	教法：任务驱动法、项目教学法、情境应用等； 学法：上机实践、线上线下混合学习法等		
工作过程	一、课前任务	通过在线学习平台发布课前任务： ● 观看简单查询的微课视频； 二维码 4-2 ● 完成课前测试	
	二、课堂任务	1. 课程导入 2. 明确学习任务 （1）主任务——对学生选课数据库进行简单查询 具体要求为： 1）投影查询。查询表中的若干列，查询时增加计算列、说明列。 2）选择查询。查询表中的某些行，查看表中第一行，查看不重复行。 3）排序查询。查询学生表中学生信息，按照已修学分列进行降序排序。 任务所涉及的知识点与技能点如图 4-2 所示。	

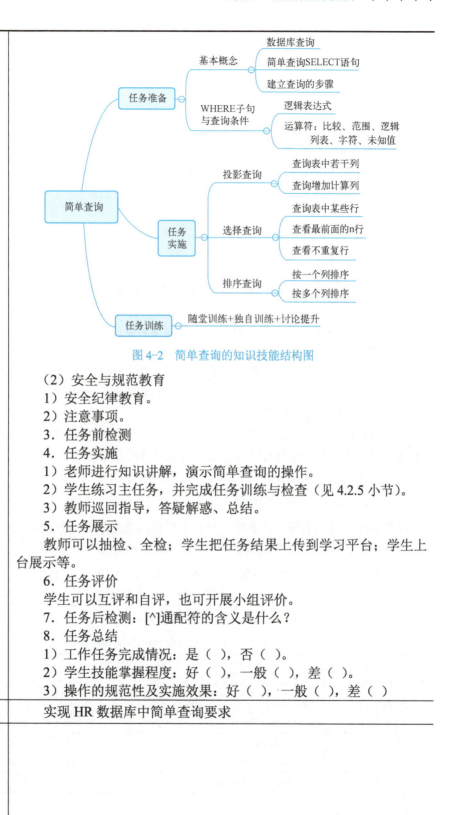

图 4-2 简单查询的知识技能结构图

工作过程	二、课堂任务	（2）安全与规范教育 1）安全纪律教育。 2）注意事项。 3．任务前检测 4．任务实施 1）老师进行知识讲解，演示简单查询的操作。 2）学生练习主任务，并完成任务训练与检查（见4.2.5小节）。 3）教师巡回指导，答疑解惑、总结。 5．任务展示 教师可以抽检、全检；学生把任务结果上传到学习平台；学生上台展示等。 6．任务评价 学生可以互评和自评，也可开展小组评价。 7．任务后检测：[^]通配符的含义是什么？ 8．任务总结 1）工作任务完成情况：是（ ），否（ ）。 2）学生技能掌握程度：好（ ），一般（ ），差（ ）。 3）操作的规范性及实施效果：好（ ），一般（ ），差（ ）
	三、工作拓展	实现 HR 数据库中简单查询要求
	四、工作反思	

4.2.1 任务知识准备

1. 基本概念

① 数据库查询：就是指依据一定的查询条件或要求，对数据库中的数据信息进行查找和统计等处理，它是数据库最主要的应用。

② 简单查询：这里所讲的简单查询是指对数据库中的一个数据表进行的数据库查询，主要涉及内容有选择项的处理、查询条件的设计等。

简单查询 SELECT 语句基本格式如下：

```
SELECT column_name[,column_name,…]
FROM table_name
WHERE search_condition
```

建立查询的步骤：
- 打开查询编辑器。在 SSMS 的工具栏中选择"新建查询"按钮，进入查询编辑器窗口；
- 编写查询代码。根据任务要求，在查询编辑器窗口输入代码；
- 分析、调试与执行代码。

分析查询代码：单击工具栏上的分析图标 ✓ 可进行代码分析，主要检查代码语法是不是有问题，如果语法没问题，系统会显示"命令已成功完成"，如果语法有问题，系统会显示错误提示，用户可根据错误提示信息，进行修改。

调试查询代码：单击工具栏上的 ▶ 调试(D) 图标可进行代码调试，当分析查询代码没错，而执行查询代码有错，但不易查出错误时，可以采用调试方法进行错误原因查找。

执行查询代码：单击工具栏上的 ! 执行(X) 图标即可执行代码，系统显示查询结果。

2. WHERE 子句与查询条件

在数据库中查询数据时，有时用户只希望得到满足条件的数据而非全部数据，这时就需要使用 WHERE 子句，使用 WHERE 子句可以限制查询的条件。子句格式如下：

```
WHERE expression1 comparison_operator expression2
```

其中，expression1 和 expression2 表示要比较的表达式，comparison_operator 表示运算符。WHERE 子句中的查询条件是一个逻辑表达式，其中常用的运算符如表 4-4 所示。

表 4-4 查询条件中常用的运算符

类 别	运 算 符	说 明
比较运算符	=、<>、>、>=、<、<=、!=	比较两个表达式
范围运算符	BETWEEN、NOT BETWEEN	查询值是否在范围内
逻辑运算符	AND、OR、NOT	组合两个表达式的运算结果或取反
列表运算符	IN、NOT IN	查询值是否属于列表值之一
字符运算符	LIKE、NOT LIKE	查询字符串是否匹配
未知值	IS NULL、IS NOT NULL	查询值是否为 NULL

（1）比较运算符

比较运算符可以限定查询的条件，具体每个运算符的含义如表 4-5 所示。

表 4-5 比较运算符

比较运算符	含 义
=	等于
<>、!=	不等于
>	大于
<	小于
>=	大于或者等于
<=	小于或者等于

（2）范围运算符

范围运算符包括 BETWEEN 与 NOT BETWEEN，主要用于查询是否在指定范围内的数据。子句格式如下：

```
WHERE expression [NOT] BETWEEN value1 AND value2
```

其中，NOT 为可选项，表示不在此范围内，value1 表示范围下限，value2 表示范围上限。

（3）逻辑运算符

逻辑运算符用于满足用户查询时需要指定多个查询条件的情况，可以连接两个或者两个以上的查询条件，当条件满足时则返回结果集。子句格式如下：

```
WHERE NOT 表达式 1|表达式 2 AND (OR) 表达式 3
```

其中，AND 表示指定的所有查询条件都成立时返回结果集，OR 表示当指定的所有条件只要有一个成立就返回结果集，NOT 表示否定查询条件。

（4）列表运算符

列表运算符包括 "IN" 与 "NOT IN"，主要用于查询属性值是否属于指定集合的行，子句格式如下：

```
WHERE expression [NOT] IN value_list
```

其中，value_list 表示列表值，当有多个值时用括号将各值括起来，各列表值之间用逗号隔开。

例如，查询计算机应用技术、计算机网络技术和软件技术专业的学生信息，代码如下：

```
SELECT *
FROM Student
WHERE SMajor IN('计算机应用技术','计算机网络技术','软件技术')
```

（5）字符运算符

字符运算符包括 "LIKE" 与 "NOT LIKE"，主要用于对数据进行模糊查询，子句格式如下：

```
WHERE expression [NOT] LIKE 'string'
```

在 SQL Server 2019 中，使用通配符查询时必须将字符连同通配符用单引号引起来，常见的通配符有以下两种：

- %表示任意长度的字符串；
- _表示任意单个字符。

例如，查询所有姓王的学生的信息，代码如下：

```
SELECT *
FROM Student
WHERE SName LIKE '王%'
```

模糊查询中常用的通配符如表 4-6 所列。

表 4-6 模糊查询中常用的通配符

类　别	运　算　符	说　明
_	一个字符	A.Like 'C_'
%	任意长度的字符串	B Like 'CO_%'
[ ]	括号中所指定范围内的一个字符	C Like '9W0[1-2]'
[^]	不在括号中所指定范围内的一个字符	D Like '%[A-D][^1-2]'

（6）未知值

在 WHERE 子句中运用 IS NULL 查询可以查询数据库中为 NULL 的数据，而运用 IS NOT NULL 可以查询不为 NULL 的数据，子句格式如下：

```
WHERE 列名 IS NULL | IS NOT NULL
```

4.2.2　投影查询

1. 查询表中若干列

【子任务】 查询 Course 课程表中的课程号和课程名，结果中列标题分别为课程号和课程名。

具体步骤如下：

（1）打开查询编辑器

在 SSMS 的工具栏中选择"新建查询"按钮，进入查询编辑器窗口。

（2）编写查询代码

根据任务要求，在查询编辑器窗口输入如下代码：

```
SELECT CID AS 课程号,CName AS 课程名
FROM Course
```

提示：在输入 SQL 语句时，标点符号必须是半角的。

说明：

列标题（别名）可以用三种方式定义，①"列名 列标题"形式；②"列标题=列名"形式；③"列名 AS 列标题"形式，本例应用第三种格式。

（3）分析与执行查询代码

执行上述代码，可看到如图 4-3 所示的查询结果。

练一练

1）查询学生表中所有列（使用*）。

2）查询学生表中的学号、姓名、专业，列名不改变。

3）查询学生表中的姓名、性别、出生日期，不需要使用 AS 关键字改变列名。

2. 查询增加计算列

【子任务】 查询 Study 选课表中的学分绩点（四舍五入）。

具体步骤如下：

（1）打开查询编辑器

在 SSMS 的工具栏中选择"新建查询"按钮，进入查询编辑器窗口。

（2）编写查询代码

根据任务要求，在查询编辑器窗口输入如下代码：

```
SELECT SID AS 学号,CID AS 课程号,FLOOR(Grade+0.5) AS 学分绩点
FROM Study
```

（3）分析与执行查询代码

执行上述代码，即可看到如图 4-4 所示的查询结果。

课程号	课程名
0101	C语言程序设计
0102	数据库技术与应用
0103	Java程序设计
0104	Python程序设计
0201	AutoCAD制图
0202	PLC控制技术
0203	机器人控制技术
0301	单片机技术
0302	嵌入式系统
0303	电子产品设计

图 4-3 投影查询结果

学号	课程号	学分绩点
18011101	0101	17
18011101	0102	14
18011101	0201	13
18011102	0102	15
18020201	0102	11
18020202	0102	10
18031101	0101	25
18040101	0201	17
18040101	0202	12
18051301	0301	18

图 4-4 增加计算列查询结果

说明：

① FLOOR( )是向下取整函数，即取不大于原数的整数。

② FLOOR(Grade+0.5)为计算列。

练一练

在 FLOOR(Grade+0.5)计算列前加上'学分绩点'说明列，查询代码如下：

```
SELECT 学号=SID,课程号=CID,'学分绩点',FLOOR(Grade+0.5)
FROM Study
```

执行结果将会怎么样？

4.2.3 选择查询

1. 查询表中某些行

【子任务】 查询 Student 学生表中软件技术专业学生的学号与姓名。

具体步骤如下：

（1）打开查询编辑器

在 SSMS 的工具栏中选择"新建查询"按钮，进入查询编辑器窗口。

（2）编写查询代码

根据任务要求，在查询编辑器窗口输入如下代码：

```
SELECT SID ,SName
FROM Student
WHERE Smajor='软件技术'
```

 提示：输入中文字符时，用单引号。

说明：

WHERE 子句给出查询条件。

（3）分析与执行查询代码

执行上述代码，可看到如图 4-5 所示的查询结果。

结果 消息

	SID	SName
1	18031101	郑可君
2	18031102	黄明建
3	18031103	李志阳

图 4-5　选择查询结果

思考：

① 如何设置多个条件？

② 需要在结果中再增加一列“专业”，代码如何修改？

练一练

1）查询学生表中软件技术专业男生的学号和姓名。

2）查询学生表中 2000 年前出生的学号、姓名及出生日期。

3）查询学生表中所有姓王的学生的姓名和专业。

4）查询课程表中开课学期为第 2 学期的课程号与课程名。

5）查询课程表中课程号为 0101、0201、0301 的课程信息，用 IN 或 OR 查询。

6）查询选课表中成绩大于 80 分且小于 90 分的学号与课程号。

2. 查看最前面的 n 行

【子任务】 查看 Student 学生表中前 5 行信息。

具体步骤如下：

（1）打开查询编辑器

在 SSMS 的工具栏中选择“新建查询”按钮，进入查询编辑器窗口。

（2）编写查询代码

根据任务要求，在查询编辑器窗口输入如下代码：

```
SELECT TOP 5 *
FROM Student
```

（3）分析与执行查询代码

执行上述代码，可看到如图 4-6 所示的查询结果。

结果 消息

	SID	SName	SMajor	SSex	SBirth	SRcredit	SRemark
1	18011101	王海波	计算机应用技术	男	1999-10-11	30	NULL
2	18011102	黄江涛	计算机应用技术	男	2000-02-15	31	NULL
3	18020201	沈芳	计算机网络技术	女	1999-11-18	28	NULL
4	18020202	王振兴	计算机网络技术	男	2001-01-09	32	NULL
5	18031101	郑可君	软件技术	女	2000-03-16	33	NULL

图 4-6　查看前 5 行查询结果

说明：

TOP 子句给出的是前 n 行。

3. 查看不重复行

【子任务】 查看所有被选课程的课程号。

具体步骤如下：

（1）打开查询编辑器

在 SSMS 的工具栏中选择“新建查询”按钮，进入查询编辑器窗口。

（2）编写查询代码

根据任务要求，在查询编辑器窗口输入如下代码：

```
SELECT DISTINCT CID
FROM Study
```

（3）分析与执行查询代码

执行上述代码，可看到如图 4-7 所示的查询结果。

说明：

DISTINCT 用于消除重复行。

练一练

在 DISTINCT 后面有多列的查询代码如下：

```
SELECT DISTINCT SID,CID,Score
FROM Study
```

图 4-7 不重复行查询结果

执行结果将会怎么样？

4.2.4 排序查询

1. 按一个列排序

【子任务】 查询 Student 学生表中学生信息，按照已修学分降序排序。

具体步骤如下：

（1）打开查询编辑器

在 SSMS 的工具栏中选择"新建查询"按钮，进入查询编辑器窗口。

（2）编写查询代码

根据任务要求，在查询编辑器窗口输入如下代码：

```
SELECT *
FROM Student
ORDER BY SRcredit DESC
```

提示：ASC 表示升序，DESC 表示降序，默认为升序。

说明：

ORDER BY SRcredit DESC 表示结果按照已修学分降序排序。

（3）分析与执行查询代码

执行上述代码，可看到如图 4-8 所示的排序查询结果。

图 4-8 排序查询结果

思考：如果升序，是否可以不写 ASC？

练一练

1）在学生表中按学生年龄降序查询学生的学号和姓名。
2）在课程表中按照学时数升序查询课程的课程号与课程名。
3）在选课表中按照成绩降序查询学生的选课情况。

2. 按多个列排序

【子任务】 查询 Course 课程表中的课程信息，按照学期升序、课时降序排序。

具体步骤如下：

（1）打开查询编辑器

在 SSMS 的工具栏中选择"新建查询"按钮，进入查询编辑器窗口。

（2）编写查询代码

根据任务要求，在查询编辑器窗口输入如下代码：

```
SELECT *
FROM Course
order by 3,4 desc
```

（3）分析与执行查询代码

执行上述代码，可看到如图 4-9 所示的查询结果。

	CID	CName	CSemester	CPeriod	CCredit
1	0101	C语言程序设计	2	90	6
2	0301	单片机技术	2	90	6
3	0201	AutoCAD制图	2	60	4
4	0202	PLC控制技术	2	60	4
5	0102	数据库技术与应用	2	60	4
6	0103	Java程序设计	3	75	5
7	0302	嵌入式系统	3	60	4
8	0303	电子产品设计	4	60	4
9	0104	Python程序设计	4	60	4
10	0203	机器人控制技术	5	45	3

图 4-9 多个列排序查询结果

说明：

order by 3,4 desc 表示按第 3 列升序第 4 列降序进行排序，第 3 列值相同时按第 4 列排序。

思考：order by 3,4 desc 改成 order by CSemester,CPeriod desc 可以吗？

4.2.5 任务训练与检查

1. 任务训练

1）按照任务实施过程的要求完成各子任务。
2）在 BookDB 图书借阅数据库中，查询图书的图书号和图书名。
3）查询计算机系学生的读者号和姓名。
4）查询图书定价在 30～50 元之间的图书号和图书名。
5）查询图书数量在 2、3、5 的图书号和图书名。
6）查询书名中有"教程"两个字的图书的图书号和图书名。

2. 检查与讨论

1) 自查并互查任务训练的完成情况，提出问题并讨论。
2) 基本知识（关键字）讨论：SELECT、T-SQL 语言。
3) 任务实施情况讨论：哪些属于简单查询？

任务 4.3 统计查询

任务 4.3 工作任务单

工作任务	统计查询	学时	2
所属模块	数据库查询与统计		
教学目标	知识目标：掌握 SUM()、AVG()、MAX()、MIN()和 COUNT()函数的使用； 技能目标：能够使用聚合函数实现统计查询； 素质目标：培养认真细致、一丝不苟的精神		
思政元素	脚踏实地、学思结合		
工作重点	实现分组统计查询		
技能证书要求	对应《数据库系统工程师考试大纲》中 2.1 数据库技术基础的相关要求		
竞赛要求	在各种竞赛中，数据查询是重要操作		
使用软件	SQL Server 2019		
教学方法	教法：任务驱动法、项目教学法、情境应用等； 学法：上机实践、线上线下混合学习法等		
工作过程	一、课前任务	通过在线学习平台发布课前任务： ● 观看统计查询的微课视频； 二维码 4-3 ● 完成课前测试		
	二、课堂任务	1. 课程导入 2. 明确学习任务 （1）主任务——对学生选课数据库进行统计查询 具体要求： 1）聚合函数的使用。如 SUM()、AVG()、MAX()、MIN()和 COUNT()函数的使用。 2）GROUP BY 子句的使用。查询学生表中的男生人数、女生人数。 3）HAVING 子句的使用。查询至少选修了两门课程学生的学号。 任务所涉及的知识点与技能点如图 4-10 所示。		

工作过程	二、课堂任务	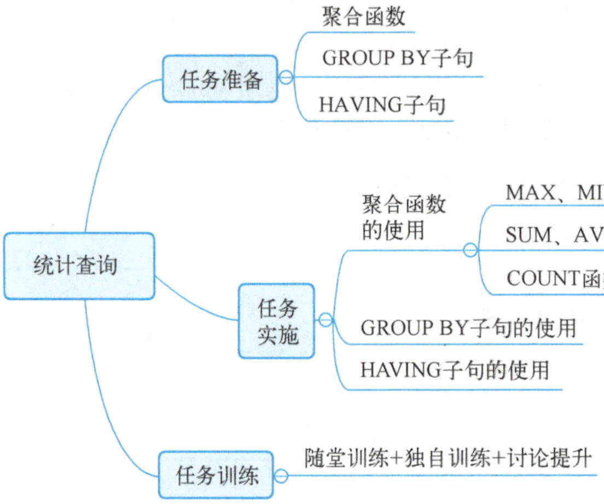 统计查询思维导图： 任务准备 → 聚合函数、GROUP BY 子句、HAVING 子句 任务实施 → 聚合函数的使用（MAX、MIN 函数的使用；SUM、AVG 函数的使用；COUNT 函数的使用）、GROUP BY 子句的使用、HAVING 子句的使用 任务训练 → 随堂训练+独自训练+讨论提升 图 4-10　统计查询的知识技能结构图 （2）安全与规范教育 1）安全纪律教育。 2）注意事项。 3．任务前检测 4．任务实施 1）老师进行知识讲解，演示统计查询的操作。 2）学生练习主任务，并完成任务训练与检查（见 4.3.5 小节）。 3）教师巡回指导，答疑解惑、总结。 5．任务展示 教师可以抽检、全检；学生把任务结果上传到学习平台；学生上台展示等。 6．任务评价 学生可以互评和自评，也可开展小组评价。 7．任务后检测：HAVING 关键字的作用是什么？ 8．任务总结 1）工作任务完成情况：是（　），否（　）。 2）学生技能掌握程度：好（　），一般（　），差（　）。 3）操作的规范性及实施效果：好（　），一般（　），差（　）
	三、工作拓展	实现 HR 数据库中统计查询要求
	四、工作反思	

4.3.1 任务知识准备

1．聚合函数

聚合函数可以对一组值执行计算并返回单一的值，经常与 SELECT 语句的 GROUP BY

子句一起使用。SQL Server 2019 常用的聚合函数如表 4-7 所示。

表 4-7 常用聚合函数

函 数 名	功 能
SUM()	对数值型列或计算列求总和
AVG()	对数值型列或计算列求平均值
MAX()	返回一个数值列或数值表达式的最大值
MIN()	返回一个数值列或数值表达式的最小值
COUNT(*)	返回满足 SELECT 语句中指定条件的记录个数
COUNT(列名)	返回满足条件的行数,但不含该列值为空的行

2. GROUP BY 子句

GROUP BY 子句的作用是把 FROM 子句中的表按分组属性划分为若干组,同一组内所有记录在分组属性上是相同的。一般情况,SELECT 语句中使用 GROUP BY 子句,可把查询得到的数据集在分类的基础上,再对每一组使用聚合函数进行分类汇总。

GROUP BY 子句用于对表或视图中的数据按列分组,格式为:

```
GROUP BY Group_by_expression[, …n]
```

Group_by_expression:用于分组的表达式,其中通常包含列名。

使用 GROUP BY 子句后,SELECT 子句中的列表只能包含在 GROUP BY 中指定的列或在聚合函数(只返回一个值)中指定的列。

3. HAVING 子句

若要输出满足一定条件的分组,则需要使用 HAVING 关键字,HAVING 子句的格式为:

```
HAVING Search_condition
```

其中 search_condition 为查询条件,与 WHERE 子句的查询条件类似,并且可以使用聚合函数。

4.3.2 聚合函数的使用

1. MAX()和 MIN()函数的使用

【子任务】 查询学生的学分情况,显示学生已修的最高学分、最低学分。

具体步骤如下:

(1)打开查询编辑器

在 SSMS 的工具栏中选择"新建查询"按钮,进入查询编辑器窗口。

(2)编写查询代码

根据任务要求,在查询编辑器窗口输入如下代码:

```
SELECT MAX(SRcredit) AS 最高学分,MIN(SRcredit) AS 最低学分
FROM Student
```

 提示:数字才能统计最大值和最小值等。

说明:

MAX(SRcredit)统计最高学分;MIN(SRcredit)统计最低学分。

（3）分析与执行查询代码

执行上述代码，可看到如图 4-11 所示的查询结果。

练一练

1）查询课程表中最多学时和最少学时。

2）查询选课表中的最高成绩、最低成绩。

图 4-11　查询结果 1

2. SUM()和 AVG()函数的使用

【子任务】　查询学生的学分情况，统计学号为"18011101"的学生，其所有课的总得分和平均分。

具体步骤如下：

（1）打开查询编辑器

在 SSMS 的工具栏中选择"新建查询"按钮，进入查询编辑器窗口。

（2）编写查询代码

根据任务要求，在查询编辑器窗口输入如下代码：

```
SELECT SUM(Score) AS 总得分,AVG(Score) AS 平均分
FROM Study
WHERE SID='18011101'
```

说明：

SUM(Score)用于统计成绩的总和。

（3）分析与执行查询代码

执行上述代码，可看到如图 4-12 所示的查询结果。

图 4-12　查询结果 2

练一练

1）统计第二学期所开课程的总学时和平均学时。

2）查询课程表中课程的平均学分。

3. COUNT()函数的使用

【子任务】　查询学生的学生人数情况，统计软件技术专业的学生人数。

具体步骤如下：

（1）打开查询编辑器

在 SSMS 的工具栏中选择"新建查询"按钮，进入查询编辑器窗口。

（2）编写查询代码

根据任务要求，在查询编辑器窗口输入如下代码：

```
SELECT COUNT(SMajor) AS 软件技术专业人数
FROM Student
WHERE SMajor='软件技术'
```

说明：

COUNT(SMajor)用于统计专业的人数。

（3）分析与执行查询代码

执行上述代码，即可看到如图 4-13 所示的查询结果。

练一练

1）统计第二学期所开课程的门数。

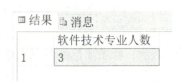

图 4-13　查询结果 3

2）统计姓王的同学的人数。

4.3.3 GROUP BY 子句的使用

【子任务】 查询 Student 学生表中的男生人数、女生人数。

具体步骤如下：

（1）打开查询编辑器

在 SSMS 的工具栏中选择"新建查询"按钮，进入查询编辑器窗口。

（2）编写查询代码

根据任务要求，在查询编辑器窗口输入如下代码：

```
SELECT SSex AS 性别,COUNT(SSex) AS 人数
FROM Student
GROUP BY SSex
```

 提示：SELECT 子句中有列计算时，一般使用 AS 定义别名。

说明：

COUNT 用于统计满足 SELECT 语句中指定条件的记录个数。

GROUP BY 用于指定需要分组的列，多个列用逗号隔开。除使用聚合函数外，查询的列必须与 GROUP BY 后面的列名一致。

（3）分析与执行查询代码

执行上述代码，即可看到如图 4-14 所示的查询结果。

思考：如何按照多个列进行分组？

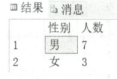

图 4-14 查询结果 4

练一练

1）查询学生表中各专业的学生人数。

2）查询课程表中每学期的开课门数。

4.3.4 HAVING 子句的使用

【子任务】 查询至少选修了两门课程学生的学号。

具体步骤如下：

（1）打开查询编辑器

在 SSMS 的工具栏中选择"新建查询"按钮，进入查询编辑器窗口。

（2）编写查询代码

根据任务要求，在查询编辑器窗口输入如下代码：

```
SELECT SID
FROM Study
GROUP BY SID
HAVING COUNT(SID)>=2
```

 提示：HAVING 后面跟聚合函数。

说明：

HAVING 用于限定统计查询的条件。

COUNT(SID)用于分组后，统计学号出现的次数，如果出现 2 次，说明该学生选修了两门课程。

（3）分析与执行查询代码

执行上述代码，可看到如图 4-15 所示的查询结果。

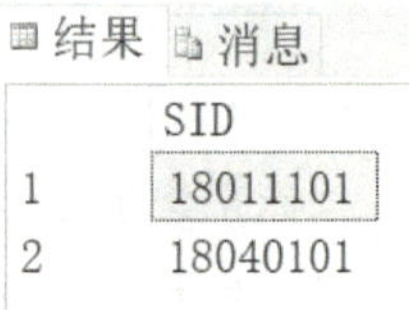

思考：HAVING 子句和 WHERE 子句有什么区别？

练一练

1）查询至少被两个学生选修的课程号。

2）查询至少有三门课程学时相同的学时数。

图 4-15　查询结果 5

	SID
1	18011101
2	18040101

4.3.5　任务训练与检查

1．任务训练

1）按照任务实施过程的要求完成各子任务。

2）在图书借阅数据库中，查询读者的最高违规次数。

3）统计有借阅记录的人数。

4）统计读者表中各专业的男生和女生人数。

5）统计至少借阅过两次的读者号。

6）统计各种图书的借阅人数。

2．检查与讨论

1）自查并互查任务训练的完成情况，提出问题并讨论。

2）基本知识（关键字）讨论：GROUP BY、HAVING。

3）任务实施情况讨论：哪些情况需要对查询结果进行分组？

任务 4.4　连接查询

任务 4.4 工作任务单

工作任务	连接查询	学时	2
所属模块	数据库查询与统计		
教学目标	知识目标：掌握谓词连接、JOIN 和自连接的含义和区别； 技能目标：能够使用谓词连接、JOIN 和自连接实现连接查询； 素质目标：培养勇于探索、认真细致的精神		
思政元素	团结合作、学思结合		
工作重点	用内连接和外连接实现连接查询		
技能证书要求	对应《数据库系统工程师考试大纲》中 2.1 数据库技术基础的相关要求		
竞赛要求	在各种竞赛中，数据查询是重要操作		
使用软件	SQL Server 2019		

	教学方法	教法：任务驱动法、项目教学法、情境应用等； 学法：上机实践、线上线下混合学习法等
工作过程	一、课前任务	通过在线学习平台发布课前任务： ● 观看连接查询的微课视频； 二维码 4-4 ● 完成课前测试
	二、课堂任务	1．课程导入 2．明确学习任务 （1）主任务——对学生选课数据库进行连接查询 具体要求： 1）谓词连接查询。查询选修某课程的学生学号、姓名和成绩。 2）内连接查询。查询数据库中有选课记录学生的学号、姓名和专业。 3）外连接查询。用左外连接查询数据库中学生选课情况，用右外连接查询数据库中学生的选课情况。 4）自连接查询。查询专业不同但已修学分相同学生的姓名、专业和已修学分数，按照学分降序。 任务所涉及的知识点与技能点如图 4-16 所示。 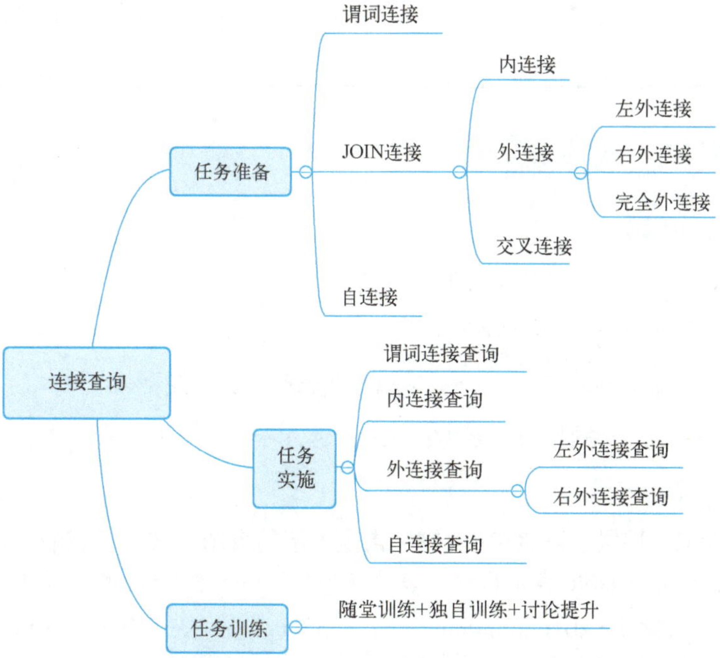 图 4-16 连接查询的知识技能结构图 （2）安全与规范教育 1）安全纪律教育。

工作过程	二、课堂任务	2）注意事项。 3．任务前检测 4．任务实施 1）老师进行知识讲解，演示连接查询的操作。 2）学生练习主任务，并完成任务训练与检查（见 4.4.6 小节）。 3）教师巡回指导，答疑解惑、总结。 5．任务展示 教师可以抽检、全检；学生把任务结果上传到学习平台；学生上台展示等。 6．任务评价 学生可以互评和自评，也可开展小组评价。 7．任务后检测 左外连接和右外连接查询有什么区别？ 8．任务总结 1）工作任务完成情况：是（ ），否（ ）。 2）学生技能掌握程度：好（ ），一般（ ），差（ ）。 3）操作的规范性及实施效果：好（ ），一般（ ），差（ ）
	三、工作拓展	实现 HR 数据库中连接查询要求
	四、工作反思	

4.4.1 任务知识准备

1．谓词连接

使用谓词进行多表连接的基本格式如下：

```
SELECT  <输出列表>
FROM   <表1>,<表2>
WHERE  <表1>.<列名> <连接操作符> <表2>.<列名>
```

其中，连接操作符主要为：=、>、<、>=、<=、!=、<>、!>、!<。

2．JOIN 连接

T-SQL 扩展了以 JOIN 关键字指定连接的表示方式，使表的连接运算能力得到增强。FROM 子句的 joined_table 表示将多个表连接起来。joined_table 的格式为：

```
FROM table_source join_type table_source ON search_condition
   | table_source CROSS JOIN table_source
   | joined_table
```

其中，table_source 为需连接的表，join_type 表示连接类型，ON 用于指定连接条件。Join_type 的格式为：

```
[ INNER ] JOIN
| LEFT [ OUTER ] JOIN
| RIGHT [ OUTER ] JOIN
| FULL [ OUTER ] JOIN
```

其中，INNER 表示内连接，OUTER 表示外连接。FULL JOIN 表示完全外连接，CROSS JOIN 表示交叉连接。

① 内连接按照 ON 所指定的连接条件连接两个表，返回满足条件的行。

② 外连接的结果集不但包含满足连接条件的行，还包括相应表中的所有行。

左外连接表示结果集中除了包括满足连接条件的行外，还包括左表的所有行。

右外连接表示结果集中除了包括满足连接条件的行外，还包括右表的所有行。

③ 完全外连接是结果集中除了包括满足连接条件的行外，还包括两个表的所有行。

④ 交叉连接实际上是将两个表进行笛卡尔积运算，结果集是由第一个表的每行与第二个表的每行连接后形成的，因此结果集的行数等于两个表行数之积。

3. 自连接

连接操作不仅可以在不同的表上进行，也可以在同一表中进行自身连接，即将同一表的不同行连接起来。自连接可以看作一个表的两个副本之间的连接。在自连接中，必须为表指定两个别名，使之在逻辑上成为两个表。

4.4.2 谓词连接查询

【子任务】 查询选修课程名为“数据库技术与应用”学生的学号、姓名和成绩。

具体步骤如下：

（1）打开查询编辑器

在 SSMS 的工具栏中选择“新建查询”按钮，进入查询编辑器窗口。

（2）编写查询代码

根据任务要求，在查询编辑器窗口输入如下代码：

```
SELECT Student.SID ,SName,Study.Score
FROM Student,Study,Course
WHERE Student.SID=Study.SID AND Course.CID=Study.CID AND CName='数据库技术与应用'
```

提示： 在进行多表查询时，若连接的表中有相同列，则在引用时必须在其前面加上表名前缀，若查询的列在各表中是唯一的，则可以不加表名前缀。

说明：

Student.SID=Study.SID 用于将两张表连接起来。

（3）分析与执行查询代码

执行上述代码，可看到如图 4-17 所示的查询结果。

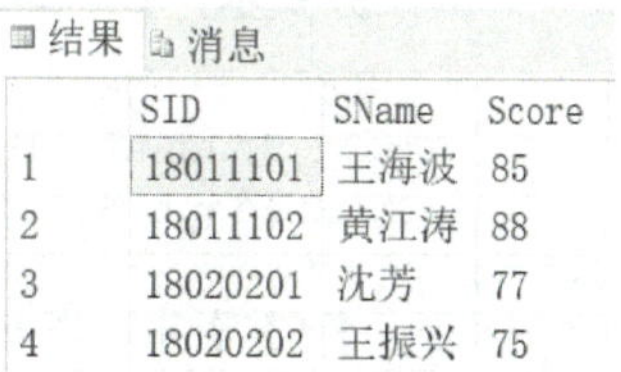

	SID	SName	Score
1	18011101	王海波	85
2	18011102	黄江涛	88
3	18020201	沈芳	77
4	18020202	王振兴	75

图 4-17　谓词连接查询结果

思考：不写 Course.CID=Study.CID，会有什么后果？

练一练

1）查询选修课程号为“0101”学生的学号、姓名和专业。

2）查询沈芳同学选修的课程编号、课程名和成绩。

4.4.3 内连接查询

【子任务】 查询数据库中有选课记录学生的学号、姓名和专业。

具体步骤如下：

（1）打开查询编辑器

在 SSMS 的工具栏中选择"新建查询"按钮，进入查询编辑器窗口。

（2）编写查询代码

根据任务要求，在查询编辑器窗口输入如下代码：

```
SELECT distinct Student.SID,SName,SMajor
FROM Student INNER JOIN Study
ON Student.SID=Study.SID
```

> 提示：INNER 可以不写。

说明：
- INNER JOIN 表示为内连接。
- ON：给出连接条件。

（3）分析与执行查询代码

执行上述代码，可看到如图 4-18 所示的查询结果。

思考：内连接与谓词连接有什么区别？如何将其改为谓词连接？

	SID	SName	SMajor
1	18011101	王海波	计算机应用技术
2	18011102	黄江涛	计算机应用技术
3	18020201	沈芳	计算机网络技术
4	18020202	王振兴	计算机网络技术
5	18031101	郑可君	软件技术
6	18040101	程慧瑛	电气自动化技术
7	18051301	陈军	应用电子技术

图 4-18 内连接查询结果

练一练

查询数据库中作为已选课程的课程号和课程名。

4.4.4 外连接查询

1. 左外连接

【子任务】 查询数据库中每个学生的选课情况，包括没有选课学生的信息，显示学生的学号、姓名和课程编号。

具体步骤如下：

（1）打开查询编辑器

在 SSMS 的工具栏中选择"新建查询"按钮，进入查询编辑器窗口。

（2）编写查询代码

根据任务要求，在查询编辑器窗口输入如下代码：

```
SELECT Student.SID,SName,CID
FROM Student LEFT JOIN Study
ON Student.SID=Study.SID
```

> 提示：外连接可以省略 OUTER 关键字。

说明：

LEFT JOIN 表示左外连接。

（3）分析与执行查询代码

执行上述代码，可看到如图 4-19 所示的查询结果。

思考：图 4-19 中出现的 NULL 表示什么含义？

练一练

使用左外链接查询每门课程的选课情况，包括没有被选过的课程信息，显示课程号和课程名。

2. 右外连接

【子任务】 查询数据库中已选课学生的选课情况，显示学生的学号、姓名和课程编号。

具体步骤如下：

（1）打开查询编辑器

在 SSMS 的工具栏中选择"新建查询"按钮，进入查询编辑器窗口。

（2）编写查询代码

根据任务要求，在查询编辑器窗口输入如下代码：

```
SELECT Student.SID,SName,CID
FROM Student RIGHT JOIN Study
ON Student.SID=Study.SID
```

提示：外连接可以省略 OUTER 关键字。

说明：

RIGHT JOIN 表示右外连接。

（3）分析与执行查询代码

执行上述代码，可看到如图 4-20 所示的查询结果。

思考：左外连接与右外连接的主要区别是什么？

练一练

使用右外连接，查询每门课程的选课情况，包括没有被选过课程的信息，显示课程号和课程名。

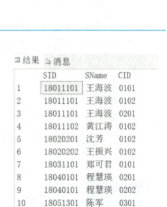

图 4-19 左外连接查询结果

图 4-20 右外连接查询结果

4.4.5 自连接查询

【子任务】 查询专业不同但已修学分相同学生的姓名、专业和已修学分数，按照学分降序。

具体步骤如下：

（1）打开查询编辑器

在 SSMS 的工具栏中选择"新建查询"按钮，进入查询编辑器窗口。

（2）编写查询代码

根据任务要求，在查询编辑器窗口输入如下代码：

```
SELECT S1.SName,S1.SMajor,S1.SRcredit
FROM Student AS S1 JOIN Student AS S2
ON S1.SMajor!=S2.SMajor AND S1.SRcredit=S2.SRcredit
ORDER BY S1.SRcredit DESC
```

提示：在自连接中，必须为表指定两个别名，使之在逻辑上成为两个表。

说明：

Student AS S1 用于给表取个别名。

（3）分析与执行查询代码

执行上述代码，可看到如图 4-21 所示的查询结果。

练一练

查询课程名不同但学时一样课程的课程号、课程名称和学时。

结果 消息

	SName	SMajor	SRcredit
1	陈军	应用电子技术	32
2	王振兴	计算机网络技术	32
3	黄江涛	计算机应用技术	31
4	王大林	电气自动化技术	31
5	黄明建	软件技术	30
6	王海波	计算机应用技术	30
7	沈芳	计算机网络技术	28
8	程慧瑛	电气自动化技术	28

图 4-21　自连接查询结果

4.4.6　任务训练与检查

1. 任务训练

1）按照任务实施过程的要求完成各子任务。

2）在 BookDB 图书借阅数据库中，查询每本书的借阅信息，包括图书号、图书名、读者号、姓名、借阅日期。

3）查询有借阅记录的读者号、姓名和部门。

4）查询每个读者的借阅情况，包括没有借阅过图书的读者信息。

5）查询图书名称一样，但编著者不同的图书名。

6）查询专任教师的借阅情况，包括读者号、姓名、图书号和图书名。

2. 检查与讨论

1）自查并互查任务训练的完成情况，提出问题并讨论。

2）基本知识（关键字）讨论：谓词连接、内连接、外连接、自连接。

3）任务完成讨论：内连接和外连接的区别。

任务 4.5　子查询

任务 4.5 工作任务单

工作任务	子查询	学时	2
所属模块	数据库查询与统计		
教学目标	知识目标：掌握子查询的概念和种类； 技能目标：能够使用 IN，ALL，ANY，EXISTS 实现子查询； 素质目标：培养勇于挑战、认真细致的精神		
思政元素	开拓创新、追求卓越		
工作重点	使用 IN 关键字实现子查询		
技能证书要求	对应《数据库系统工程师考试大纲》中 2.1 数据库技术基础的相关要求		

竞赛要求		在各种竞赛中，数据查询是重要操作
使用软件		SQL Server 2019
教学方法		教法：任务驱动法、项目教学法、情境应用等； 学法：上机实践、线上线下混合学习法等
工作过程	一、课前任务	通过在线学习平台发布课前任务： ● 观看子查询的微课视频； 二维码 4-5 ● 完成课前测试
	二、课堂任务	1. 课程导入 2. 明确学习任务 （1）主任务——对学生选课数据库进行子查询 具体要求： 1）IN 子查询。查询某学生所选修的课程号和课程名。 2）比较子查询。ALL 关键字和 ANY 关键字的使用。 3）EXISTS 子查询。查询从来没有被选为选修课的课程号及课程名。 任务所涉及的知识点与技能点如图 4-22 所示。 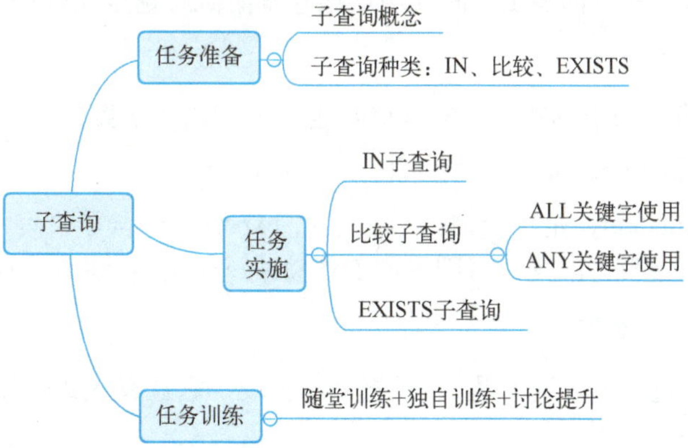 图 4-22 子查询的知识技能结构图 （2）安全与规范教育 1）安全纪律教育。 2）注意事项。 3. 任务前检测 4. 任务实施 1）老师进行知识讲解，演示子查询的操作。 2）学生练习主任务，并完成任务训练与检查（见 4.5.5 小节）。 3）教师巡回指导，答疑解惑、总结。 5. 任务展示 教师可以抽检、全检；学生把任务结果上传到学习平台；学生上台

工作过程	二、课堂任务	展示等。 6．任务评价 学生可以互评和自评，也可开展小组评价。 7．任务后检测：ALL、ANY、SOME 子查询有什么区别？ 8．任务总结 1）工作任务完成情况：是（　），否（　）。 2）学生技能掌握程度：好（　），一般（　），差（　）。 3）操作的规范性及实施效果：好（　），一般（　），差（　）
	三、工作拓展	实现 HR 数据库中子查询要求
	四、工作反思	

4.5.1 任务知识准备

子查询是指在一个 SELECT 语句中再包含一个 SELECT 语句，所包含的 SELECT 语句称为子查询。子查询还可以用在 INSERT、UPDATE 及 DELETE 语句中。

有些查询既可以使用子查询，也可以使用连接查询。使用子查询可以将复杂的查询分解为若干条理清晰的逻辑步骤，而使用连接查询时执行速度比较快。子查询有如下 3 种。

1．IN 子查询

IN 子查询用于判断一个给定值是否在子查询的结果集中，格式为：

```
Expression [ NOT ] IN ( subquery )
```

其中 subquery 是子查询。当表达式 expression 与子查询 subquery 结果集中的某个值相等时，IN 谓词返回 TRUE，否则返回 FALSE；若使用了 NOT，返回的相反值。

2．比较子查询

比较子查询可以认为是 IN 子查询的扩展，它让表达式的值与子查询的结果进行比较运算，格式为：

```
expression 比较运算符 [ ALL | SOME | ANY ] ( subquery )
```

其中 expression 是要进行比较的表达式，subquery 是子查询。ALL、SOME 和 ANY 用来说明对比较运算的限制。

ALL 指定表达式要与子查询结果集中的每个值都进行比较，当表达式与每个值都满足比较的关系时，才返回 TRUE，否则返回 FALSE。

SOME 或 ANY 表示表达式只要与子查询结果集中的某个值满足比较关系时，就返回 TRUE，否则返回 FALSE。

3．EXISTS 子查询

在 SQL 中，关键字 EXISTS 代表"存在"的含义，它只查找满足条件的记录，一旦找到第一个匹配的记录后，马上停止查找。带 EXISTS 的子查询不返回任何记录，只产生逻辑值 TRUE 或者 FALSE，它的作用是在 WHERE 子句中测试子查询返回的行是否存在。

格式为：

```
[ NOT ] EXISTS ( subquery )
```

4.5.2 IN 子查询

【子任务】 查询学号为"18011101"学生所选修课程的课程号和课程名。

具体步骤如下：

（1）打开查询编辑器

在 SSMS 的工具栏中选择"新建查询"按钮，进入查询编辑器窗口。

（2）编写查询代码

根据任务要求，在查询编辑器窗口输入如下代码：

```
SELECT CID,CName
FROM Course WHERE CID IN(
    SELECT CID FROM Study WHERE SID='18011101')
```

提示：IN 子查询比较的列必须是一样的。

说明：

IN 用于将原表中的列与返回的子查询的结果集进行比较。

（3）分析与执行查询代码

执行上述代码，可看到如图 4-23 所示的查询结果。

思考：怎样将本查询改为连接谓词表示形式的查询？

练一练

查询选修课程号为"0102"学生的学号和姓名。

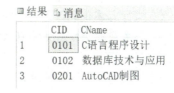

图 4-23 IN 子查询结果

4.5.3 比较子查询

1．ALL 关键字使用

【子任务】 查询选修表中成绩最高学生的学号。

具体步骤如下：

（1）打开查询编辑器

在 SSMS 的工具栏中选择"新建查询"按钮，进入查询编辑器窗口。

（2）编写查询代码

根据任务要求，在查询编辑器窗口输入如下代码：

```
SELECT SID
FROM Study WHERE Score>=ALL (SELECT Score FROM Study)
```

提示：相比较的数据类型必须是一样的。

说明：

ALL 表示所有的。

（3）分析与执行查询代码。

执行上述代码，可看到如图 4-24 所示的查询结果。

思考：将 ALL 换成 SOME 结果会怎样？

练一练

查询课程表中课时最多的课程编号与课程名。

图 4-24 ALL 关键字查询结果

2. ANY 关键字使用

【子任务】 查询选修表中选修了课程编号为"0102"，但成绩不是最低的学生的学号。

具体步骤如下：

（1）打开查询编辑器

在 SSMS 的工具栏中选择"新建查询"按钮，进入查询编辑器窗口。

（2）编写查询代码

根据任务要求，在查询编辑器窗口输入如下代码：

```
SELECT SID
FROM Study WHERE CID='0102' AND Score>ANY (SELECT Score FROM Study)
```

 提示：相比较的数据类型必须是一样的。

说明：

ANY 表示任意的。

（3）分析与执行查询代码

执行上述代码，即可看到如图 4-25 所示的查询结果。

思考：将 ANY 换成 SOME 结果会怎样？

练一练

使用 ANY 查询课程表中课时最少的课程的编号与课程名。

图 4-25 ANY 关键字查询结果

4.5.4 EXISTS 子查询

【子任务】 查询从来没有被选中作为选修课的课程号及课程名。

具体步骤如下：

（1）打开查询编辑器

在 SSMS 的工具栏中选择"新建查询"按钮，进入查询编辑器窗口。

（2）编写查询代码

根据任务要求，在查询编辑器窗口输入如下代码：

```
SELECT CID,CName
FROM Course
WHERE NOT EXISTS (SELECT * FROM Study WHERE Course.CID=Study.CID)
```

提示：EXISTS 只返回 TRUE 或者 FALSE。

说明：

NOT 表示取反。

（3）分析与执行查询代码

执行上述代码，可看到如图 4-26 所示的查询结果。

思考：将本查询改写成 IN 子查询，代码如何写？

图 4-26 EXISTS 子查询结果

练一练

查询没有选修过课程的学生的学号和姓名。

4.5.5 任务训练与检查

1. 任务训练

1）按照任务实施过程的要求完成各子任务。

2）在 BookDB 图书借阅数据库中，使用子查询，统计至少借阅过两次的读者信息，要求显示读者号、姓名和部门。

3）使用子查询，查询违规次数记录最多的读者信息，要求显示读者号、姓名和部门。

4）使用子查询，查询未借书的读者号、姓名和部门。

5）使用子查询，查询没有被借阅过的图书信息。

6）使用子查询，查询所有出版时间在交通出版社图书出版时间之前出版的图书，显示图书号、图书名、出版社和出版日期。

2. 检查与讨论

1）自查并互查任务训练的完成情况，提出问题和讨论。

2）基本知识（关键字）讨论：IN 子查询、比较子查询、EXISTS 子查询。

3）任务完成讨论：比较子查询中 ALL、ANY、SOME 各自的使用情况。

小结

1. 关系运算与查询语句

1）关系运算：选择、投影及连接运算。

2）SELECT 语句：SELECT-FROM-WHERE 结构。

2. 数据库查询

1）简单查询：对数据投影、选择、排序等进行单表查询。

2）统计查询：聚合函数使用、分组统计等查询。

3）连接查询：谓词连接、内连接、外连接、自连接等查询。

4）子查询：在查询条件中，可以使用另一个查询的结果作为条件的一部分。

课外作业

一、选择题

1. 在 SELECT 语句中，下列子句用于对分组统计进一步设置条件的子句为（   ）。

   A．ORDER BY   B．GROUP BY   C．WHERE   D．HAVING

2. SQL 查询语句中 ORDER BY 子句的功能是（   ）。

A. 对查询结果进行排序　　　　　B. 分组统计查询结果
C. 限定分组检索结果　　　　　　D. 限定查询条件

3. SQL 查询语句中 HAVING 子句的作用是（　　）。
A. 指出分组查询的范围　　　　　B. 指出分组查询的值
C. 指出分组查询的条件　　　　　D. 指出分组查询的列

4. 若要求查询结果中不能出现重复行，可在 SELECT 子句后增加保留字（　　）。
A. DISTINCT　　B. UNIQUE　　C. NOT NULL　　D. SINGLE

5. 一个查询的结果成为另一个查询的条件，这种查询被称为（　　）。
A. 连接查询　　B. 内查询　　C. 自查询　　D. 子查询

6. 在 SELECT 语句中使用*表示（　　）。
A. 选择任何属性　　　　　　　　B. 选择所有属性
C. 选择所有行　　　　　　　　　D. 选择主键

7. 在 SQL 语句中，谓词 EXISTS 的含义是（　　）。
A. 全称量词　　B. 存在量词　　C. 自然连接　　D. 等值连接

二、填空题

1. 在 SQL Server 中，使用（　　）关键字，用于查询时只显示前面几行数据。

2. 在查询条件中，可以使用另一个查询的结果作为条件的一部分，例如判定列值是否与某个查询的结果集中的值相等，作为查询条件一部分的查询称为（　　）。

3. EXISTS 谓词用于测试子查询的结果是否为空表。若子查询的结果集不为空，则 EXISTS 返回（　　），否则返回（　　）。

三、简答题

1. HAVING 子句与 WHERE 子句中的条件有什么不同？
2. 举例说明什么是内连接、外连接和交叉连接？
3. 子查询主要包括哪几种？

四、实践题

1. 从员工表中查询出生日期在 1996—2000 年之间员工的编号、姓名、性别、出生日期、手机号，并保存为 select1.sql 脚本文件。

2. 查询姓"王"的员工信息，显示员工的编号、姓名、性别、出生日期、手机号、所在部门编号，并保存为 select2.sql 脚本文件。

3. 查询员工的工资信息，显示员工号、姓名、基本工资、实际工资、所得税，并保存成 select3.sql 脚本文件。

4. 查询"市场部"基本工资最高的前两位员工信息，并保存成 select4.sql 脚本文件。

5. 查询比"王强"实际工资高的员工信息，并保存成 select5.sql 脚本文件。

6. 查询在单位任职时间最久的员工的编号、姓名和部门。

7. 查询所得税上缴最多的员工的编号、姓名和部门。

子模块 5　使用索引与视图

为了提高数据库使用的性能，如提高查询速度、简化查询语句、增加数据操作安全等，引入了索引技术和视图技术。用户对数据库最频繁的操作是进行数据查询，当数据表中的数据很多时，查询数据就需要很长的时间，为减少数据查询的时间就需要索引技术。索引技术能提高查询等操作速度，而视图技术能简化查询语句及增加数据操作安全等。

本模块主要介绍索引的创建与维护、视图的创建与使用。

【学习目标】

- 掌握创建与使用索引的基本方法
- 掌握创建与使用视图的基本方法

【学习任务】

任务 5.1　创建与使用索引
任务 5.2　创建与使用视图

任务 5.1　创建与使用索引

任务 5.1 工作任务单

工作任务	创建与使用索引	学时	4
所属模块	使用索引与视图		
教学目标	知识目标：掌握创建与使用索引的基本方法； 技能目标：能够使用图形化和 T-SQL 语句创建和使用索引； 素质目标：培养发现问题、解决问题的能力		
思政元素	辩证唯物主义的科学观和一丝不苟的职业精神		
工作重点	使用 T-SQL 语句创建和使用索引		
技能证书要求	根据《数据库系统工程师考试大纲》要求会定义和删除索引		
竞赛要求	竞赛要求会定义、使用、维护和删除索引		
使用软件	SQL Server 2019		
教学方法	教法：任务驱动法、项目教学法、情境教学法等； 学法：分组讨论法、线上线下混合学习法等		

工作过程	一、课前任务	通过在线学习平台发布课前任务： ● 观看创建与使用索引的微课视频； 二维码 5-1 ● 完成课前测试
	二、课堂任务	1. 课程导入 2. 明确学习任务 （1）主任务 1）创建索引。为 Student 表的 SName 列创建一个唯一非聚集索引 Index_SName，按 SName 降序排列。 2）维护索引。查看 Student 表的 Index_SName 索引信息，重新生成、重新组织、禁用等方式修改 Index_SName 索引。 3）删除索引。删除 Student 表上索引 Index_SName。 任务所涉及知识点与技能点，如图 5-1 所示。 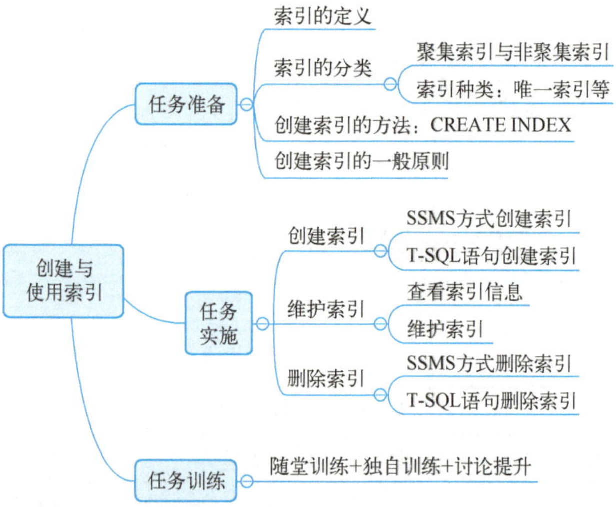 图 5-1 创建与使用索引知识技能结构图 （2）安全与规范教育 1）安全纪律教育。 2）注意事项。 3. 任务前检测 4. 任务实施 1）老师进行知识讲解，演示建立数据库操作。 2）学生练习主任务，并完成任务训练与检查（见 5.1.5 小节）。 3）教师巡回指导，答疑解惑、总结。 5. 任务展示 教师可以抽检、全检；学生把任务结果上传到学习平台；学生上台展示。

工作过程	二、课堂任务	6. 任务评价 学生可以互评和自评，也可开展小组评价。 7. 任务后检测 建立索引的 T-SQL 语句关键字是什么？ 8. 任务总结 1）工作任务完成情况：是（ ），否（ ）。 2）学生技能掌握程度：好（ ），一般（ ），差（ ）。 3）操作的规范性及实施效果：好（ ），一般（ ），差（ ）
	三、工作拓展	在 HR 数据库中，按 EName 建立索引，查看索引信息，对索引进行重新生成、重新组织、禁用操作
	四、工作反思	

5.1.1 任务准备知识

用户对数据库最频繁的操作是进行数据查询，为了提高数据查询的速度，数据库引入了索引机制。

1. 索引定义

索引是对数据库表中一个或多个列的值进行排序的结构，它由该表的一个或多个列的值，以及指向这些列值相应的记录存储位置的指针所组成，由 DBMS 进行管理与维护。

数据库中的索引与书籍中的索引（目录）类似，在一本书中，利用索引可以快速查找所需的信息，不需阅读整书。在数据库中，索引使数据库程序不需对整个表进行扫描，就可以在其中找到所需的数据。索引的建立依赖于表，表的存储由两部分组成，一部分用来存放表的数据页面，另外一部分存放索引页面。索引就是存放在索引页面上，当进行数据检索时，系统先搜索索引页面，从中找到所需数据的指针，然后通过指针从数据页面读取数据。索引一旦创建好，将由 DBMS 自动管理和维护。

2. 索引的分类

在 SQL Server 2019 中，索引可以分为聚集索引、非聚集索引、唯一索引、复合索引、包含索引、视图索引、全文索引、XML 索引等。如果将索引简单地分类，可分为聚集索引和非聚集索引两种。

（1）聚集索引与非聚集索引

① 聚集索引（Clustered）：是一种指明表中数据物理存储顺序的索引。在聚集索引中，表中各记录的物理顺序与键值的逻辑顺序相同。即在表中建立了一个聚集索引后，数据表中的数据会按照索引值的顺序来存放。由于一个表中数据只能按照一种顺序存储，所以在一个表中只能建立一个聚集索引。

② 非聚集索引（Non-Clustered）：具有完全独立于数据行的结构，即非聚集索引的数据存储在一个位置，索引存储在另一个位置，索引带有指针指向数据的存储位置。索引中的项按

索引值的顺序存储，而表中的数据按另一种顺序存储。由于非聚集索引不影响数据的实际物理排序，所以在一个数据表中可以设置多个非聚集索引。

(2) 其他索引种类

① 唯一索引（Unique Index）：是指索引键值无重复，是唯一的。无论是聚集索引与非聚集索引都可以将其设为唯一索引。当数据表创建了主键之后，DBMS 会自动为该主键创建唯一索引。

② 复合索引（Composite Index）：是指由多个列组成索引键值的索引。

③ 包含索引：是指在复合索引中包含非索引列的内容，并起到索引的作用。

④ 视图索引：是指在视图（虚拟的数据表）上创建的索引。

⑤ 全文索引：是一种特殊类型的基于标记的功能性索引，主要用于在大量文本文字中搜索字符串，比 LIKE 语句效率要高得多。

⑥ XML 索引：是指在 XML 列上创建的索引。

3. 创建索引的方法

在 SQL Server 2019 中，设置主键约束和唯一性约束时系统会自动创建相应的索引，除此以外可采用手动创建索引。手动创建索引可以通过 SSMS 方式创建，也可以通过 T-SQL 语句的 CREATE INDEX 创建。

使用 T-SQL 语句创建索引，其基本语句格式为：

```
CREATE [ UNIQUE ][ CLUSTERED|NONCLUSTERED]
INDEX index_name ON table_name|view_name (column_name [ ASC|DESC ][,…n])
```

其中：

- UNIQUE。用来指定创建的索引是唯一索引。
- CLUSTERED|NONCLUSTERED。指定被创建索引的类型。CLUSTERED 用于创建聚集索引，NONCLUSTERED 用于创建非聚集索引。创建聚集索引时，表中的数据行需要进行重排，因此最好在创建表时创建聚集索引。

4. 创建索引的一般原则

使用索引要付出一定的代价，如消耗磁盘空间以及在索引设置不当时减慢查询速度等，因此为表创建索引时，要根据实际的情况，选择是否创建索引，创建索引的一般原则如下：

① 在经常需要搜索的列上创建索引；

② 对数据表中的主键创建索引，此索引系统会自动建立；

③ 对数据表中的外键创建索引；

④ 对经常用于连接的列上创建索引。

下列情况一般不使用索引：

① 在查询中很少涉及的列；

② 有大量重复值的列；

③ 更新性能比查询性能更重要的列，因为在被索引的列上修改数据时，系统将更新相关的索引，维护索引需要占用较大的存储空间，影响系统性能；

④ 定义为 text、ntext 和 image 数据类型的列。

5.1.2 创建索引

在 SQL Server 2019 中，有两种情况是由系统自动创建索引：一种是设置了主键约束的列上系统会自动创建一个唯一的聚集索引，另一种是设置了唯一性约束的列上系统会自动创建一个唯一的非聚集索引，除此之外只能手动创建索引。

1. SSMS 方式创建索引

【子任务】 为 Student 表的 SName 列创建一个唯一的非聚集索引 Index_SName，按 SName 降序排列。具体步骤如下：

① 在 SSMS 中，展开 Student 表，右击"索引"，在弹出的快捷菜单选择"新建索引"→"非聚集索引"命令，出现如图 5-2 所示的对话框。

 提示：在对话框中，系统自动给出了索引名称。

图 5-2 "新建索引"对话框

② 在"新建索引"对话框的"索引名称"文本框中修改输入：Index_SName，选择"唯一"选项，单击"添加"按钮，在出现的对话框中选择"SName"列，如图 5-3 所示。

图 5-3 选择列对话框

③ 单击"确定"按钮返回"新建索引"对话框，在"索引键列"选项卡中，设置

"SName"的排列顺序为"降序",如图 5-4 所示。

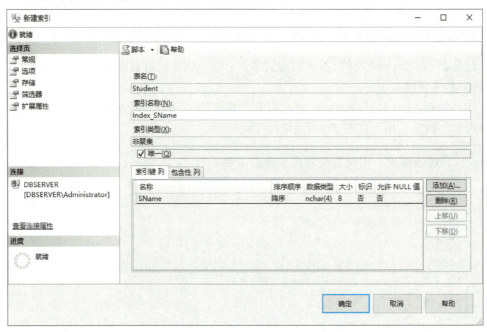

图 5-4 在"新建索引"对话框中设置 SName 的降序排列

④ 单击"确定"按钮,完成索引的创建。

2. T-SQL 语句创建索引

【子任务】 为 Student 表的 SName 列创建一个唯一的非聚集索引 Index_SName0,按 SName 升序排列。使用如下 CREATE INDEX 语句:

```
CREATE UNIUQE NONCLUSTERED INDEX Index_SName0
ON Student (SName ASC)
```

说明:NONCLUSTERED 和 ASC 都可以省略,因为默认情况下创建的都是非聚集索引和升序排列的。

思考:能否在一个表中创建多个非聚集索引?

5.1.3 维护索引

维护索引的操作主要包括查看索引的信息、修改索引和禁用索引等,在 SQL Server 2019 中,可以使用 SSMS 方式和 T_SQL 语句进行维护。

1. 查看索引信息

【子任务】 查看 Student 学生表的 Index_SName 索引信息。具体步骤如下:

(1) SSMS 方式查看索引信息

在 SSMS 中,找到 Student 表的 Index_SName 索引,右击 Index_SName 索引,在弹出的菜单中选择"属性"命令,如图 5-5 所示,即可查看 Index_SName 索引的信息,如图 5-4 所示。

图 5-5 维护索引

(2) T-SQL 语句查看索引信息

查看 Student 表的 Index_SName 索引信息,语句如下:

```
EXEC sp_helpindex Student
```

在"查询编辑器"中执行语句,显示结果如图 5-6 所示。

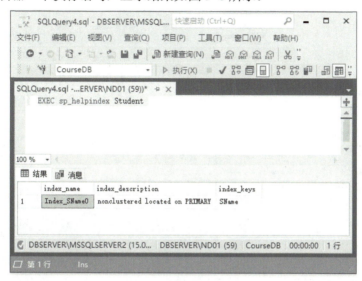

图 5-6　查看索引信息

2. 维护索引

【子任务】 当数据更改后,根据需要可重新生成索引、重新组织索引或者禁用索引等。具体方式如下:

(1) SSMS 方式维护索引

在图 5-5 中,可以选择"重新生成""重新组织""禁用"和"重命名"命令,分别进行重新生成、重新组织、禁用及重命名等维护操作。

(2) T-SQL 语句维护 Index_SName 索引

1)重新生成索引的语句如下:

```
ALTER INDEX Index_SName on Student REBUILD
```

2)重新组织索引的语句如下:

```
ALTER INDEX Index_SName on Student REORGANIZE
```

3)禁用索引的语句如下:

```
ALTER INDEX Index_SName on Student DISABLE
```

5.1.4　删除索引

当不再需要某个索引时,可以将它从数据库中删除,回收索引所占用的存储空间。

【子任务】 删除 Student 学生表的 Index_SName 索引。具体方式如下:

1. SSMS 方式删除索引

在 SSMS 中,进入 CourseDB 数据库中,展开 Student 表,找到"索引"对象,右击 Index_

SName 索引，在弹出的菜单中选择"删除"命令，出现如图 5-7 所示的对话框，单击"确定"按钮，删除索引。

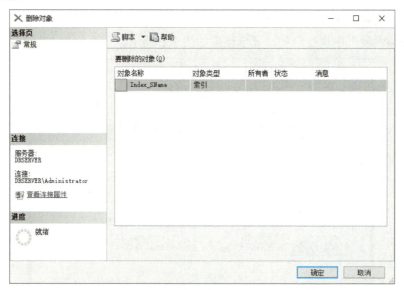

图 5-7　删除索引

2. T-SQL 语句删除索引

使用 DROP INDEX 语句删除 Student 表的 Index_SName0 索引，语句如下：

```
DROP INDEX Index_SName0 ON Student
```

 注意：

① 当索引所在的数据表或视图被删除时，相关的所有索引同时被删除。

② 如果索引是由系统自动创建的，例如主键列和唯一列的索引，则只能通过删除该列的主键约束和唯一约束来删除索引。

③ 如果要删除已关联列的索引，先要从数据库中删除相应的关联关系。

④ 如果要删除数据表或视图中的所有索引，先删除非聚集索引后再删除聚集索引。

5.1.5　任务训练与检查

1. 课堂训练

1）按照任务实施过程的要求完成各子任务并检查结果。

2）创建索引：为 BookDB 图书借阅数据库中 Reader 表的 RName 列创建一个唯一的非聚集索引 Index_RName，按 RName 升序排列。

3）维护索引：查看 BookDB 图书借阅数据库中 Reader 表的 Index_RName 索引信息，用重新生成、重新组织、禁用等操作修改 Index_RName 索引。

4）删除索引：删除 BookDB 图书借阅数据库中 Reader 表的索引 Index_RName。

2. 检查与讨论

1）自查并互检查课堂训练的完成情况，提出问题并讨论。

2）基本知识（关键字）讨论：索引。
3）任务实施情况讨论：索引的作用，索引的建立。

任务 5.2　创建与使用视图

任务 5.2 工作任务单

工作任务	创建与使用视图	学时	4
所属模块	使用索引与视图		
教学目标	知识目标：掌握创建与使用视图的基本方法； 技能目标：能够使用图形化和 T-SQL 语句创建和使用视图； 素质目标：培养发现问题、解决问题的能力		
思政元素	一丝不苟、独立思考		
工作重点	使用 T-SQL 语句创建和使用视图		
技能证书要求	根据《数据库系统工程师考试大纲》要求，会定义视图、删除视图、更新视图		
竞赛要求	竞赛要求会定义、维护、更新及删除视图		
使用软件	SQL Server 2019		
教学方法	教法：任务驱动法、项目教学法、情境教学法等； 学法：分组讨论法、线上线下混合学习法等		
工作过程	一、课前任务	通过在线学习平台发布课前任务： ● 观看创建与使用视图的微课视频； 二维码 5-2 ● 完成课前测试	
	二、课堂任务	1. 课程导入 2. 明确学习任务 （1）主任务 1）创建视图。在 CourseDB 中创建一个名称为 V_Student 的视图，视图包括 Student 表的学号 SID、姓名 SName、专业 SMajor 等列。 2）维护视图。对 V_Student 视图进行修改，要求添加已修学分 SRcredit 列。 3）使用视图。利用 V_Student 视图查询已修学分 SRcredit 高于 30 分的学生的信息。 任务所涉及的知识点与技能点，如图 5-8 所示。	

```
创建与使用视图
├─ 任务准备
│  ├─ 视图及其作用
│  ├─ 创建视图的方法
│  └─ 使用视图的方法
├─ 任务实施
│  ├─ 创建视图
│  │  ├─ SSMS方式创建视图
│  │  └─ T-SQL语句创建视图
│  ├─ 维护视图
│  │  ├─ 查看视图信息
│  │  ├─ 修改视图
│  │  └─ 删除视图
│  └─ 使用视图
│     ├─ 利用视图进行数据查询
│     ├─ 利用视图添加数据
│     ├─ 利用视图修改数据
│     └─ 利用视图删除数据
└─ 任务训练
   └─ 随堂训练+独自训练+讨论提升
```

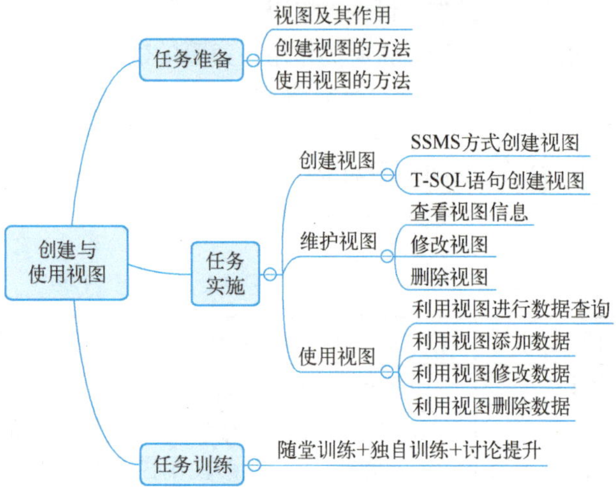

图 5-8　创建与使用视图知识技能结构图

工作过程	二、课堂任务	（2）安全与规范教育 1）安全纪律教育。 2）注意事项。 3．任务前检测 4．任务实施 1）老师进行知识讲解，演示视图的创建和使用操作。 2）学生练习主任务，并完成任务训练与检查，（见 5.2.5 小节）。 3）教师巡回指导，答疑解惑、总结。 5．任务展示 教师可以抽检、全检；学生把任务结果上传到学习平台；学生上台展示。 6．任务评价 学生可以互评和自评，也可开展小组评价。 7．任务后检测 建立和修改视图的 T-SQL 语句的关键字是什么？ 8．任务总结 1）工作任务完成情况：是（　），否（　）。 2）学生技能掌握程度：好（　），一般（　），差（　）。 3）操作的规范性及实施效果：好（　），一般（　），差（　）
	三、工作拓展	1．在 HRDB 人力资源数据库中，创建一个名称为 V_Employee 的视图，包括 Employee 表的 ENo、EName、RSex 列；修改视图，添加 EBirth 列；利用视图，显示员工的名单。 2．在 HRDB 中，创建一个视图，名称自拟。能利用该视图，查询并显示员工的姓名、部门、奖金
	四、工作反思	

5.2.1 任务准备知识

1. 视图及其作用

视图（VIEW）是一种虚拟表，视图本身并不包含任何数据，视图中的数据可以来自一个或多个基本表，也可以来自视图。可以将视图想象成由一个或者多个表所组成的存储在数据库中的查询，视图中的数据与数据表中的数据是同步的，对数据进行操作时，系统根据视图的定义去操作与视图相关联的数据表。视图一旦定义好，就可以像数据表一样进行数据操作，如查询、修改、删除等。

视图可以让用户注意力集中在他们感兴趣或关心的数据上，而不需要考虑那些不必要的数据。使用视图有如下优点：

① 简化查询语句。通过视图可以将复杂的查询语句变得简单。
② 增加可读性。由于在视图中只有用户感兴趣的列，方便用户浏览查询的结果。
③ 增加数据的安全性和保密性。针对不同的用户，可以创建不同的视图，此时的用户只能查看和修改其所能看到的视图中的数据，对数据表中的其他数据是不可见的，这样可以限制用户浏览和操作的数据表中的其他数据。

2. 创建视图的方法

创建视图可以使用 SSMS 方式和 T-SQL 语句创建。

① 使用 T-SQL 语句 CREATE VIEW 创建视图，其基本格式为：

```
CREATE VIEW view_name [ (column [ ,…n ] ) ]
AS
select_statement
[ WITH CHECK OPTION ]
```

各参数的含义说明如下：

- view_name 表示视图名称。
- select_statement 构成视图的主体。利用 SELECT 语句从表或视图中选择列构成新视图的列。但在 SELECT 语句中，不能使用 INTO 关键字，不能使用临时表，一般不使用 ORDER BY 子句。
- WITH CHECK OPTION 表示对视图进行 UPDATE、INSERT、DELETE 操作时，要保证更新、插入或删除的行满足视图定义中设置的条件。

② 使用 T-SQL 语句 ALTER VIEW 修改视图，其基本格式为：

```
ALTER VIEW view_name [ (column [ ,…n ] )]
AS
select_statement
[ WITH CHECK OPTION ]
```

③ 使用 T-SQL 语句 DROP VIEW 删除视图，其基本格式为：

```
DROP VIEW view_name [ ,…n ]
```

3. 使用视图的方法

使用视图时可以像使用数据表一样对数据进行添加、更新、删除及查询等操作。对视图的数据进行操作时，系统会根据视图来操作与视图相关联的基本表，所以对视图的数据进行更新操作时要符合基本表对数据的定义和约束。当然，使用视图对数据表进行添加、更新、删除操作时，对该视图定义会有一些限制，如视图的列不能包含计算列、SELECT 语句中不能使用 GROUP BY/DISTINCT 等子句。

5.2.2 创建视图

在 SQL Server 2019 中，创建视图可以使用两种方法：SSMS 方式创建和 T_SQL 语句创建。

【子任务】 创建一个名称为 V_Student 的视图，视图包括 Student 学生表的学号 SID、姓名 SName、专业 SMajor 等列。

具体步骤如下：

1. SSMS 方式创建视图

（1）新建视图

展开 CourseDB，右击"视图"节点，选择"新建视图"，如图 5-9 所示。在弹出的如图 5-10 所示的"添加表"对话框中选择并添加视图建立要用的数据表 Student。

图 5-9 新建视图

图 5-10 "添加表"对话框

提示：可以添加数据表，也可以添加视图等。在选择时，可以使用〈Ctrl〉键或〈Shift〉键来选择多个表或视图等。

（2）设计视图

添加完数据表后，进入到视图设计器，选择 Student 表中的 SID、SName、SMajor，在"别名"列，输入相应学号、姓名、专业，如图 5-11 所示。

图 5-11 设计视图

（3）保存视图

将新建的视图保存为 V_Student，即视图名称为 V_Student，在使用时可直接访问 V_Student 来获取相应的数据。

2．T-SQL 语句创建视图

（1）编写代码

打开"查询编辑器"窗口，输入如下代码：

```
CREATE VIEW V_Student
AS
SELECT  SID AS 学号, SName AS 姓名, SMajor AS 专业
FROM  Student
```

提示：
- VIEW 为视图关键字。
- CREATE VIEW 和 SELECT 语句间的 AS 关键字不能省写。

（2）创建视图

单击工具栏上的"执行"按钮，完成视图的创建。创建完成后即可在"对象资源管理器"的"视图"节点中看到名字为 V_Student 的视图。

5.2.3 维护视图

1．查看视图信息

【子任务】 查看 CourseDB 学生选课数据库的 V_Student 视图信息。

具体步骤如下。

（1）SSMS 方式查看视图信息

在 SSMS 中，在 CourseDB 的"视图"节点，右击 V_Student 视图，在弹出的菜单中选择"属性"命令，即可查看 V_Student 视图的信息。

（2）T-SQL 语句查看视图定义文本

```
USE CourseDB
EXEC sp_helptext V_Student
```

输入 V_Student 视图信息查看的代码，执行结果如图 5-12 所示。

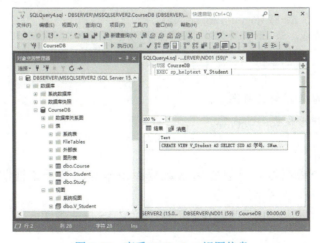

图 5-12　查看 V_Student 视图信息

2. 修改视图

【子任务】 对 V_Student 视图进行修改，要求添加已修学分 SRcredit 列。

具体步骤如下。

（1）SSMS 方式修改视图

在 SSMS 中，在 CourseDB 的"视图"节点，找到 V_Student 视图，右击"设计"，打开视图设计环境，具体修改过程类似视图创建过程，添加已修学分 SRcredit 列，如图 5-13 所示，修改完成后保存更改。用类似的方法，可以减少列，还可以添加或删除表。

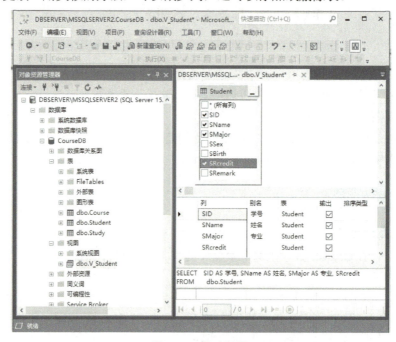

图 5-13　修改视图

（2）T-SQL 语句修改视图

在"查询编辑器"窗口中输入如下代码：

```
ALTER VIEW V_Student
AS
SELECT  SID AS 学号, SName AS 姓名,
Major AS 专业, SRcredit AS 已修学分
FROM   Student
```

提示：

- ALTER VIEW 表示修改视图。
- 代码运行后即修改视图的内容。

3. 删除视图

当不再需要某个视图时，可以将它从数据库中删除，基于该视图对象的查询也同时失效。

【子任务】 删除 CourseDB 学生选课数据库中的 V_Student 视图。

具体步骤如下：

（1）SSMS 方式删除视图

在 SSMS 中，在 CourseDB 的"视图"节点，右击 V_Student 视图，在弹出的菜单中选择"删除"命令，即可删除 V_Student 视图。

（2）T-SQL 语句删除视图

在"查询编辑器"窗口中输入如下代码：

```
USE CourseDB
DROP VIEW V_Student
```

5.2.4 使用视图

视图可以像表一样进行数据的查询和数据的更新，同样可以使用 SSMS 方式和 T-SQL 语句对视图进行操作，此节只介绍 T-SQL 语句操作。对视图的数据进行操作时，数据库会根据视图来操作与视图相关联的基本表，所以对视图的数据进行更新操作时要符合基本表对数据的定义和约束。

1. 利用视图进行数据查询

【子任务】 查询 V_Student 中已修学分 SRcredit 高于 30 分学生的信息。

具体步骤如下：

（1）编写查询代码

根据任务要求，在"查询编辑器"窗口输入如下代码：

```
USE CourseDB
SELECT *
FROM V_Student
WHERE SRcredit>30
```

提示：创建视图后，就可以像查询数据表一样对视图进行查询。

（2）分析与执行查询代码

执行上述代码，可看到如图 5-14 所示的查询结果。

2. 利用视图添加数据

【子任务】 使用 INSERT 语句和 V_Student 视图，向 Student 数据表中插入一行数据，学号、姓名、专业、已修学分分别为：18051302、张小兵、应用电子技术、30。

在"查询编辑器"窗口中输入如下代码：

```
USE CourseDB
INSERT INTO V_Student (学号,姓名,专业, SRcredit)
VALUES('18051302','张小兵','应用电子技术',30)
```

图 5-14 视图查询结果

提示：INSERT 语句中可以使用列名，也可以使用别名。

3. 利用视图修改数据

【子任务】 使用 UPDATE 语句和 V_Student 视图，将学号为 18051302 学生的已修学分加 1 分。

在"查询编辑器"窗口中输入如下代码：

```
USE CourseDB
UPDATE V_Student SET SRcredit = SRcredit+1
WHERE 学号='18051302'
```

4．利用视图删除数据

【子任务】 使用 DELETE 语句和 V_Student 视图，删除学号为 18051302 的学生信息，在"查询编辑器"窗口中输入如下代码：

```
USE CourseDB
DELETE V_Student WHERE 学号='18051302'
```

5.2.5　任务训练与检查

1．课堂训练

1）按照任务实施过程的要求完成各子任务并检查结果。

2）创建一个名称为 V_Reader 的视图，视图包括 BookDB 图书借阅数据库中 Reader 表的 RID、RName、RSex、RDep。

3）修改视图 V_Reader，添加 RType、RCBnum 两个列。

4）利用视图 V_Reader，查询借书最多的读者信息。

5）利用视图 V_Reader，添加一个读者信息。

6）利用视图 V_Reader，修改前面添加的读者信息。

7）利用视图 V_Reader，删除一个读者信息。

2．检查与讨论

1）自查并相互查课堂实践的完成情况，提出问题并讨论。

2）基本知识（关键字）讨论：视图、视图的作用。

3）任务实施情况讨论：视图的创建、视图的使用。

小结

1．索引

为了提高数据查询的速度，数据库引入了索引机制，索引是对数据库表中一个或多个列的值进行排序的结构。索引一旦创建好，将由 DBMS 自动管理和使用。在 SQL Server 2019 中，索引可以分为聚集索引、非聚集索引、唯一索引、复合索引、包含索引、视图索引、全文索引和 XML 索引等。对索引的操作主要有：创建索引、修改索引和删除索引等。

2．视图

视图是一种虚拟表，视图本身并不包含任何数据或信息，可以将视图想象成由一个或者多个表所组成的存储在数据库中的查询，视图中的数据与数据表中的数据是同步的，对数据进行操作时，系统根据视图的定义会操作与视图相关联的数据表。视图一旦定义好，就可以像数据表一样进行数据操作，如查询、修改、删除等。

课外作业

一、选择题

1. 数据表中创建索引的目的是（　　）。
   A．排序　　　　　　B．提高查询速度　　C．创建主键　　D．归类
2. 要提高数据库查询性能，并要求在数据库中保存排好序的数据，可以进行的操作是（　　）。
   A．创建一个视图　　　　　　　　　　B．创建一个聚集索引
   C．创建一个非聚集索引　　　　　　　D．创建一个约束
3. 数据库中的物理数据存储在（　　）中。
   A．表　　　　　　B．索引　　　　　　C．视图　　　　　　D．查询
4. 每个表中的聚集索引可以有（　　）。
   A．1个　　　　　B．2个　　　　　　C．3个　　　　　　D．多个
5. 在关系数据库系统中，为了简化用户的查询操作，而又不增加数据的存储空间，常用的方法是创建（　　）。
   A．另一个表　　　B．游标　　　　　　C．视图　　　　　　D．索引
6. SQL 中创建视图应使用（　　）语句。
   A．CREATE SCHEMA　　　　　　　B．CREATE TABLE
   C．CREATE VIEW　　　　　　　　D．CREATE DATEBASE

二、填空题

1. 索引可分为（　　　　）和（　　　　）两种类型。
2. 索引既可以在（　　　　）时创建，也可以在以后的任何时候创建。
3. 在 SQL Server 2019 中，通常不需要用户建立索引，而是通过使用（　　　　）约束和（　　　　）约束，由系统自动建立索引。
4. 每次访问视图时，视图都是从（　　　　）中提取所包含的行与列。
5. 查看视图定义的 T-SQL 语句是（　　　　）。

三、简答题

1. 索引的类型有哪些？简述聚集索引与非聚集索引的区别。
2. 使用视图有什么优点？

四、实践题

1. 在 HRDB 中，由于经常需要按 EName 查询员工的基本信息，请建立合适的索引；查看该索引信息；对该索引进行重新生成、重新组织、禁用等操作。
2. 在 HRDB 中，创建一个名称为 V_Employee 的视图，视图包括 Employee 表的 ENo、EName、RSex；修改该视图，添加 EBirth 列；利用该视图，显示员工的名单，进行添加、修改及删除员工操作。
3. 在 HRDB 中，创建一个视图，名称自拟。利用该视图，查询并显示员工的姓名、部门、奖金。

子模块 6　使用存储过程与触发器

使用单个 T-SQL 语句操作数据还不能充分发挥 T-SQL 语言的作用。T-SQL 还可以像其他编程语言一样，通过进行相应的编程，使用数据库。通过在存储过程、触发器中进行 T-SQL 编程，可以在数据库中实现更为强大的控制功能，提高数据库管理与数据处理效率。

本模块主要介绍 T-SQL 编程，创建与执行存储过程、创建与验证触发器的基本方法。

【学习目标】

- 掌握 T-SQL 中常量、变量、函数及表达式的使用方法
- 掌握 T-SQL 中流程控制语句的使用方法
- 掌握 SQL Server 存储过程的创建及使用方法
- 掌握 SQL Server 触发器的创建及使用方法

【学习任务】

任务 6.1　T-SQL 编程
任务 6.2　创建与执行存储过程
任务 6.3　创建与验证触发器

任务 6.1　T-SQL 编程

任务 6.1 工作任务单

工作任务	T-SQL 编程	学时	4
所属模块	使用存储过程与触发器		
教学目标	知识目标：掌握 T-SQL 中常量、变量、函数及表达式的使用方法；掌握 T-SQL 中流程控制语句的使用方法。 技能目标：能够使用 T-SQL 语句编写简单控制语句；能够使用 T-SQL 语句编写带逻辑结构的控制语句 素质目标：培养独立思考、勇于探索、克服困难，以及发现问题、解决问题的能力		
思政元素	一丝不苟、独立思考		
工作重点	使用 T-SQL 语句编写带有逻辑结构的控制语句		
技能证书要求	《数据库系统工程师考试大纲》要求掌握数据库中的 T-SQL 编程技术		
竞赛要求	掌握用 T-SQL 实现数据库编程技术		
使用软件	SQL Server 2019		

教学方法		教法：任务驱动法、项目教学法、情境教学法等； 学法：分组讨论法、线上线下混合学习法等
工作过程	一、课前任务	通过在线学习平台发布课前任务： ● 观看 T-SQL 编程的微课视频； 二维码 6-1 ● 完成课前测试
	二、课堂任务	1．课程导入 2．明确学习任务 （1）主任务 1）简单 T-SQL 编程。针对 CourseDB 学生选课数据库，根据学生学号的设定，得到相应学生的已修学分。 2）带逻辑结构 T-SQL 编程。在 CourseDB 学生选课数据库中，根据学生姓名的设定来判断该学生是否存在，若不存在则给出提示信息，若存在则输出学生信息。 任务所涉及的知识点与技能点如图 6-1 所示。 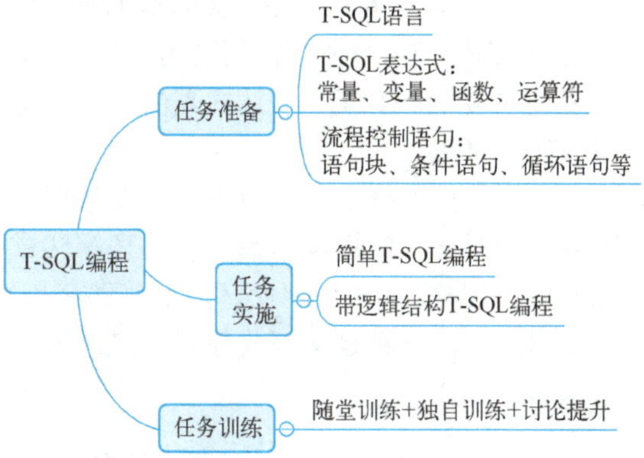 图 6-1　T-SQL 编程知识技能结构图 （2）安全与规范教育 1）安全纪律教育。 2）注意事项。 3．任务前检测 4．任务实施 1）老师进行知识讲解，演示简单 T-SQL 编程案例。 2）学生练习主任务，并完成任务训练与检查（见 6.1.4 小节）。 3）教师巡回指导，答疑解惑、总结。 5．任务展示 教师可以抽检、全检；学生把任务结果上传到学习平台；学生上台展示。 6．任务评价 学生可以互评和自评，也可开展小组评价。 7．任务后检测 讨论使用变量来存储输入/输出数据所带来的好处？

工作过程	二、课堂任务	8．任务总结 1）工作任务完成情况：是（ ），否（ ）。 2）学生技能掌握程度：好（ ），一般（ ），差（ ）。 3）操作的规范性及实施效果：好（ ），一般（ ），差（ ）
	三、工作拓展	在 HR 数据库中，统计并显示男员工数和女员工数，要求声明局部变量并进行赋值，然后显示局部变量的值
	四、工作反思	

6.1.1 任务知识准备

1．T-SQL 语言

SQL Server 采用 Transact-SQL 语言（简称 T-SQL）来进行 T-SQL 编程。T-SQL 是 SQL Server 为用户提供的一种查询编程语言，是对标准 SQL 的继承和发展，SQL 是结构化查询语言（Structured Query Language）的英文缩写。SQL Server 中，用户可以使用 T-SQL 语言编写由 T-SQL 表达式、数据库查询语句以及流程控制语句等组成的服务器端程序，并用这些程序来实现复杂的程序逻辑以及特定的功能。T-SQL 表达式是由常量、变量、函数、列名及运算符的组合。

T-SQL 语言具有如下特点：
① 一体化特点，它是集数据定义、数据操作及数据控制为一体的关系数据库语言。
② 结构化语言，类似于人的思维习惯，容易理解和掌握。
③ 非过程化语言，只需要提出"干什么"，不需要指出"怎么干"，具体操作由系统自动完成。
④ 提供两种使用方式，一种是交互式使用方式；另一种是嵌入到高级语言的使用方式。

2．T-SQL 表达式

T-SQL 表达式是常量、变量、函数、列名或子查询，也可以是它们和运算符的组合。
（1）常量

常量是表示一个特定数据值的符号，是在运行过程中保持不变的量。常量的格式取决于它所表示值的数据类型，如：数字常量、字符串常量、日期常量。

① 数字常量。主要有整数型、精确数型、浮点数型，例如：2020、98.15、12E3。
② 字符串常量。字符串常量包括在单引号内，包含字母、数字字符（a～z，A～Z 和 0～9）以及特殊字符，空字符串用中间没有任何字符的两个单引号表示。例如:'Name'、'100%'、''。
③ 日期常量。使用单引号括起来，例如：'02/19/2020'、'2020-02-19'、'20200219'、'2020 年 02 月 19 日'.

（2）变量

T-SQL 中的变量分为全局变量和局部变量。全局变量由 SQL Server 系统预先定义好的，用户只能引用。局部变量是可由用户定义地、用来存储指定数据类型的单个数据值的对象。局部变量用 DECLARE 语句声明，初始值为 NULL，由 SET 或 SELECT 赋值，只能用在声明该变量的过程实体中，其名称采用@符号开头。定义局部变量的语法如下：

```
DECLARE  @变量名称变量类型
```

在 SQL Server 中,全局变量是一种特殊类型的变量,是由 SQL Server 系统提供并赋值的变量,其作用范围并不局限于某一程序,而是任何程序均可随时调用。全局变量不能由用户定义和赋值,引用全局变量必须以@@符号开始。

大部分全局变量的值是用来报告本次 SQL Server 启动后发生的系统活动状态。SQL Server 提供两种全局变量:一种是与 SQL Server 连接有关的全局变量,一种是与系统内部信息有关的全局变量。SQL Server 中常用的若干全局变量见表 6-1。

表 6-1　SQL Server 中常用的若干全局变量

全局变量名称	功　能
@@CONNECTIONS	返回当前服务器的连接数目
@@CPU_BUSY	返回 SQL Server 自上次启动后的工作时间
@@ERROR	返回上一条 T-SQL 语句执行后的错误号
@@LANGUAGE	返回当前 SQL Server 服务器的语言
@@REMSERVER	返回登录时记录的中远程服务器的名称
@@ROWCOUNT	返回上一条 T-SQL 语句影响的数据行数
@@SERVERNAME	返回运行 SQL Server 本地服务器的名称
@@SPID	返回当前服务器进程的 ID 标识
@@VERSION	返回当前 SQL Server 服务器的版本和处理器类型等

(3) 函数

SQL Server 提供了丰富的数据操作函数,用以完成各种数据管理工作,增强了系统的功能和易用性。在此只对部分常用函数进行介绍,部分常用数学函数如表 6-2 所示,部分常用字符串函数如表 6-3 所示,部分常用日期时间函数如表 6-4 所示。

表 6-2　SQL Server 中的部分常用数学函数

函数名称	功能描述
ABS	求绝对值
CEILING	求大于或等于的最小整数,如 CEILING(4.45)值为 5
COS	余弦函数
FLOOR	求小于或等于的最大整数,如 FLOOR(4.45)值为 4
RAND	求随机数
ROUND	指定小数的位数,如 ROUND(4.45,1)值为 4.5
SIGN	求数学符号函数,返回 1(正数)、-1(负数)、0(零)
SIN	正弦函数
SQRT	求平方根
TAN	正切函数

表 6-3　SQL Server 中的部分常用字符串函数

函数名称	功能描述
ASCII	求指定字符串首字符的 ASCII 码值
LEN	求指定字符串的字符数,不含尾随空格
LEFT/RIGHT	截取指定字符串中从左或右边开始的指定个数的字符
LTRIM/RTRIM	去除指定字符串的开始或结尾的空格
STR	将指定数字数据转换为字符串
SUBSTRING	取子字符串
UPPER/LOWER	取大写或小写的字符

表 6-4　SQL Server 中的部分常用日期时间函数

函数名称	功能描述
GETDATE	以标准格式返回当前系统的日期和时间
YEAR	返回指定日期的"年"部分的整数
MONTH	返回指定日期的"月"部分的整数
DAY	返回指定日期的"天"部分的整数
DATENAME	从日期中提取指定部分（年、月、日等），返回值类型为 nvarchar
DATEPART	从日期中提取指定部分（年、月、日等），返回值类型为 int
DATEADD	返回给指定日期加上一个时间间隔后的新 datetime 值
DATEDIFF	返回两个指定日期的日期边界数和时间边界数

（4）运算符

SQL Server 有下列几类运算符：算术运算符、赋值运算符、按位运算符、比较运算符、逻辑运算符、字符串串联运算符、一元运算符。

- 算术运算符：+（加）、-（减）、*（乘）、/（除）和%（求模）这 5 种运算。+（加）和-（减）运算符可用于对 datetime 及 smalldatetime 值执行算术运算。
- 赋值运算符：=（赋值）。
- 按位运算符：有&（按位与）、|（按位或）、^（按位异或）这 3 种运算。
- 比较运算符：有=（等于）、>（大于）、<（小于）、>=（大于或等于）、<=（小于或等于）、<>（不等于）、!=（不等于）、!<（不小于）、!>（不大于）这 9 种运算。
- 逻辑运算符：有 ALL、AND、ANY、BETWEEN、EXISTS、IN、LIKE、NOT、OR、SOME 这 9 种，如表 6-5 所示。

表 6-5　逻辑运算符

运算符	含义
ALL	如果所有比较都为 TRUE，那么就为 TRUE
AND	如果两个布尔表达式都为 TRUE，那么就为 TRUE
ANY	如果一组比较中有一个为 TRUE，那么就为 TRUE
BETWEEN	如果操作数在某个范围之内，那么就为 TRUE
EXISTS	如果子查询包含一些行，那么就为 TRUE
IN	如果操作数等于表达式列表中的一个，那么就为 TRUE
LIKE	如果操作数与一种模式相匹配，那么就为 TRUE
NOT	对任何其他布尔运算符的值取反
OR	如果两个布尔表达式中的一个为 TRUE，那么就为 TRUE
SOME	如果在一组比较中，有些为 TRUE，那么就为 TRUE

- 字符串串联运算符：+（连接）。
- 一元运算符：有+（正）、-（负）、~（按位非）这 3 种运算。

运算符的优先顺序（从高到低）：

① +（正）、-（负）、~（按位非）

② *（乘）、/（除）、%（取模）

③ +（加）、(+ 串联)、-（减）

④ =、>、<、>=、<=、<>、!=、!>、!<（比较运算符）

⑤ ^（位异或）、&（位与）、|（位或）

⑥ NOT（逻辑运算符）
⑦ AND（逻辑运算符）
⑧ ALL、ANY、BETWEEN、IN、LIKE、OR、SOME（逻辑运算符）
⑨ =（赋值）

3. 流程控制语句

与其他计算机编程语言一样，T-SQL 也提供了用于编写过程性代码的语法结构，可以用来进行顺序、分支、循环、存储过程、触发器等程序设计，编写结构化的模块代码。基本的流程控制语句包括下面几部分。

（1）BEGIN…END 语句

用来定义语句块，让语句块作为一个整体执行，其语法如下：

```
BEGIN
    （语句序列）
END
```

（2）IF…ELSE 语句

用来根据条件执行相应的语句或语句序列，其语法如下：

```
IF 条件表达式
    （语句序列1）
[ELSE
    （语句序列2）]
```

（3）WHILE 语句

用来重复执行语句或语句序列，其语法如下：

```
WHILE 布尔表达式
BEGIN
    （语句序列）
END
```

（4）其他语句

- BREAK：退出 WHILE 或 IF…ELSE 语句中最里层的循环。
- CONTINUE：重新开始一个新的 WHILE 循环。
- GOTO：使 T-SQL 批处理语句跳转到一个指定的标签处并执行标签后面的代码。
- RETURN：无条件终止查询、存储过程或批处理的操作。
- WAITFOR：暂时停止程序，直到所设定时间间隔之后才继续往下执行。

6.1.2 简单 T-SQL 编程

【子任务】 在 CourseDB 学生选课数据库中，根据设定的学生学号，得到学生的已修学分。

具体步骤如下：

① 打开 SSMS。启动 SQL Server Management Studio，并建立与数据库引擎的连接。

② 打开查询编辑器。在 SSMS 的工具栏中选择"新建查询"按钮，进入"查询编辑器"窗口。与建立数据库查询一样，T-SQL 编程也是在 SQL Server 的查询编辑器中进行。

③ 编写 T-SQL 代码。根据本任务要求，在查询编辑器中编写相应的 T-SQL 代码，代码如下：

```
USE CourseDB
--打开数据库 CourseDB
GO
DECLARE @VAR_SID char(8),@VAR_SRcredit int
--定义@VAR_SID 与@VAR_SRcredit 两个局部变量
SET @VAR_SID='18020202'
--使用 SET 对变量@VAR_SID 赋值
SELECT @VAR_SRcredit=SRcredit from Student WHERE SID=@VAR_SID
--使用 SELECT 在完成查询的同时对变量@VAR_SRcredit 赋值
PRINT @VAR_SRcredit
--使用 PRINT 将变量@VAR_SRcredit 的值输出
```

思考：使用 SELECT 可以对变量@VAR_SID 进行赋值吗？

④ 执行 T-SQL 代码。在查询编辑器中编写好代码后，可以直接执行代码。与数据库查询一样，可以通过单击"查询编辑器"菜单上的"分析" ✔ 来对代码进行语法分析，以确定所编写的代码是否存在语法问题。同样，通过单击"执行"按钮即可执行所编写的代码。

⑤ 查看执行结果。代码执行后，可以看到如图 6-2 所示的代码执行消息。在"消息"栏中，可以看到变量"@VAR_SRcredit"的输出内容。即学号为"18020202"的学生已修学分是 32。

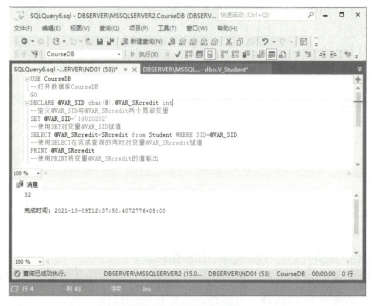

图 6-2 代码执行消息

提示：在 T-SQL 编程中，可以使用"--"和"/*...*/"两种方式来对代码进行注释。其中，"--"用来进行单行注释，而"/*...*/"则用来对多行代码进行注释。

6.1.3　带逻辑结构的 T-SQL 编程

【**子任务**】 在 CourseDB 学生选课数据库中，根据设定的学生姓名判断该学生是否存在，若不存在则给出提示信息，若存在则输出学生的姓名、专业及已修学分。

具体步骤如下。

（1）编写 T-SQL 代码

根据本任务要求，在查询编辑器中编写相应的 T-SQL 代码，代码如下：

```
USE CourseDB
--打开数据库 CourseDB
GO
DECLARE @VAR_SName nchar(4),@VAR_SMajornchar(8),@VAR_SRcreditint
SET @VAR_SName='王振兴'
IF EXISTS (SELECT * FROM Student WHERE SName=@VAR_SName)
--在 IF 条件中使用 EXISTS 来判断姓名为@VAR_SName 的学生是否存在
    BEGIN
    --BEGIN 表示语句序列的开始
    SELECT @VAR_SMajor=SMajor,@VAR_SRcredit=SRcreditFROM Student
    WHERE SName=@VAR_SName
    PRINT @VAR_SName+'的专业是：'+@VAR_SMajor+', 已修学分：'+cast(@VAR_SRcredit as char(3))
    /*使用 PRINT 输出变量@VAR_SName 值、@VAR_SMajor 值及@VAR_SRcredit 的转换值，并使用连字符"+"将变量和说明性的字符串'的专业是：'和', 已修学分：'连接起来*/
    END
    --END 表示语句序列的结束
ELSE
    PRINT '没有找到相应的学生'
    --在没有找到对应学生的情况下，输出提示信息
```

思考：除了使用 EXISTS，还有其他的办法来判断该学生是否存在吗？

（2）执行代码并查看结果

首先，将变量"@VAR_SName"赋值为"黄振兴"，执行代码后可以看到在消息框中输出了"没有找到相应的学生"，表示学生"黄振兴"在数据表中不存在。

接下来将变量"@VAR_SName"赋值为"王振兴"，执行代码后可以看到消息框中的输出为"王振兴的专业是：计算机网络技术，已修学分：32"，如图 6-3 所示。

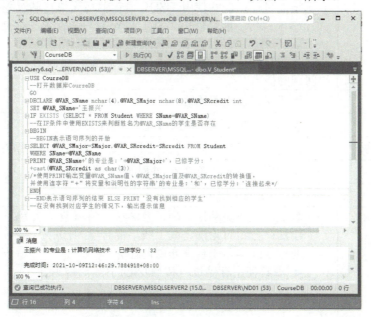

图 6-3 代码执行消息

提示：使用 T-SQL 进行编程时，要合理地使用缩进来控制代码的格式便于代码的编写和阅读，这种习惯在代码量增大时显得尤为重要。

6.1.4 任务训练与检查

1. 课堂训练

1）按照任务实施过程的要求完成各子任务并检查结果。

2）在 BookDB 图书借阅数据库中,根据输入的读者 RID,获取和显示读者的 RName、RDep,要求采用变量来存储输入/输出数据。

3）在 BookDB 图书借阅数据库中,根据输入的图书 BID,计算该图书的库存量。要求:如果该图书没有库存了,则给出消息提示"该图书没有库存了";如果该图书还有库存,则获取和显示该图书的 BName,并计算和显示其库存量。

2. 检查与讨论

1）检查课堂实践的完成情况,并对过程中发现的问题进行讨论。

2）讨论在 T-SQL 编程中使用变量来存储输入/输出数据所带来的好处。

3）总结并讨论 T-SQL 中的运算符与表达式有哪些,各自的作用是什么。

任务 6.2　创建与执行存储过程

任务 6.2 工作任务单

工作任务	创建与执行存储过程	学时	4
所属模块	使用存储过程与触发器		
教学目标	知识目标:掌握 T-SQL 编写存储过程的方法; 技能目标:能够使用 T-SQL 语句编写简单存储过程; 　　　　　能够使用 T-SQL 语句编写带参数的存储过程; 　　　　　能够查看并管理存储过程 素质目标:培养独立思考、勇于探索、克服困难以及发现问题、解决问题的能力		
思政元素	勇于探索、克服困难		
工作重点	使用 T-SQL 语句编写带有参数的存储过程		
技能证书要求	《数据库系统工程师考试大纲》要求会创建并使用存储过程		
竞赛要求	掌握用 T-SQL 实现存储过程的程序编写		
使用软件	SQL Server 2019		
教学方法	教法:任务驱动法、项目教学法、情境教学法等; 学法:分组讨论法、线上线下混合学习法等		
工作过程	一、课前任务	通过在线学习平台发布课前任务: ● 观看使用存储过程和触发器的微课视频; 二维码 6-2 ● 完成课前测试	

		1. 课程导入
工作过程	二、课堂任务	2. 明确学习任务 （1）主任务 1）简单存储过程。在 CourseDB 学生选课数据库中创建一个存储过程，用来计算学分绩点。 2）带参数的存储过程。在 CourseDB 学生选课数据库中创建一个存储过程，用来返回指定学生的选修课程情况。 3）查看 CourseDB 学生选课数据库中的存储过程 PRO_Calculate 的信息。 任务所涉及的知识点与技能点如图6-4所示。 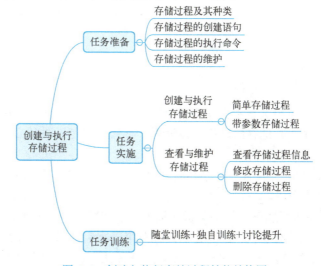 图6-4 创建与执行存储过程技能结构图 （2）安全与规范教育 1）安全纪律教育。 2）注意事项。 3. 任务前检测 4. 任务实施 1）老师进行知识讲解，演示存储过程创建及执行。 2）学生练习主任务，并完成任务训练与检查（见6.2.4小节）。 3）教师巡回指导，答疑解惑、总结。 5. 任务展示 教师可以抽检、全检；学生把任务结果上传到学习平台；学生上台展示。 6. 任务评价 学生可以互评和自评，也可开展小组评价。 7. 任务后检测 讨论存储过程创建、修改以及删除的方法。 8. 任务总结 1）工作任务完成情况：是（ ），否（ ）。 2）学生技能掌握程度：好（ ），一般（ ），差（ ）。 3）操作的规范性及实施效果：好（ ），一般（ ），差（ ）

工作过程	三、工作拓展	在 HR 数据库中，创建一个存储过程，根据输入的 ENo，显示该员工的身份证号 EID。要求：定义用于接收员工编号的输入参数，然后根据该参数中的员工编号从员工基本信息表中查询相应的结果；显示 ENo、EName、EID
	四、工作反思	

6.2.1 任务知识准备

1. 存储过程及其种类

存储过程是定义在数据库中的一组 T-SQL 语句的预编译代码段，可以作为客户机管理工具、应用程序、其他存储过程而被调用。存储过程是一种独立的数据库对象，它在服务器上创建和运行，具有以下优点：

① 模块化程序设计。一个存储过程就是一个模块，可以用它来封装并实现特定的功能。一次创建任意次调用。

② 提高执行速度。如果某操作需要大量 T-SQL 代码或需要重复执行，存储过程将比 T-SQL 批代码的执行要快。因为存储过程在第一次运行后，就驻存在高速缓存存储器中。

③ 减少网络流量。一个需要数百行 T-SQL 代码的操作可以由一条执行存储过程代码的单独语句就实现，而不需要在网络中发送数百行代码。

存储过程主要包括系统存储过程和用户存储过程两种：

（1）系统存储过程

系统存储过程是由 SQL Server 系统提供的存储过程，可以作为命令执行各种操作。系统存储过程主要用来从系统中获取信息，为系统管理员管理 SQL Server 提供帮助，为用户查看数据库对象提供方便，系统存储过程命名以 sp_开头。

（2）用户存储过程

用户存储过程是指用户根据实际工作的需要创建的存储过程，它是 T-SQL 语句的集合，可以接受和返回用户提供的参数，完成特定的功能。本任务主要介绍用户存储过程的创建、执行等操作。

2. 存储过程的创建语句

在 SQL Server 中，使用 CREATE PROCEDURE 语句创建存储过程，其语法格式如下：

```
CREATE PROC [ EDURE ]procedure_name
[ { @parameter data_type } [ = default ] [ OUTPUT ]] [,…n ]
[ WITH{ RECOMPILE | ENCRYPTION | RECOMPILE, ENCRYPTION } ]
[ FOR REPLICATION ]
AS sql_statement
```

其中，

- procedure_name：存储过程的名称。
- @parameter：存储过程的参数，包括输入参数和输出参数。参数是局部变量，只在声明它的存储过程内有效。
- default：参数的默认值。如果定义了默认值，不必指定该参数的值即可执行存储过程。默认值必须是常量或 NULL。如果存储过程对该参数使用 LIKE 关键字，那么默认值中可以包含通配符（%、_、[] 和 [^]）。
- OUTPUT：表明参数是输出参数。使用 OUTPUT 参数可将信息返回给调用过程。
- WITH RECOMPILE：表示 SQL Server 不在高速缓存中保留该存储过程的执行代码，每次执行时都要重新编译。
- WITH ENCRYPTION：表示对存储过程的文本进行加密，防止他人查看或修改。
- FOR REPLICATION：表示创建的存储过程只能在复制过程中执行。
- sql_statement：存储过程的过程体。

除了使用 CREATE PROC 命令来创建存储过程外，存储过程的创建也可以在资源管理器中完成。在"对象资源管理器"中展开数据库中的"可编程性"项，然后右击"存储过程"项，选择"新建存储过程(N)"，就可以看到的存储过程编辑窗口，SQL Server 为存储过程的创建提供了代码模板。

3．存储过程的执行命令

存储过程创建好后，可以使用 EXECUTE 命令来执行存储过程，其语法格式如下：

```
[ EXEC[CUTE] ] [ @return_status=]procedure_name
    [ [ @parameter=] { value | @variable [ OUTPUT ] | [ DEFAULT ] } ][ ,…n ]
    [WITH RECOMPILE]
```

其中，
- @return_status：用来存放存储过程向调用者返回的值。
- @parameter：参数名。
- value：参数值。
- @variable：用来存储参数或返回参数的变量。
- OUTPUT：表示该参数是返回参数。
- DEFAULT：参数的默认值。
- WITH RECOMPILE：表示执行存储过程时强制性重新编译。

4．存储过程的维护

（1）存储过程的修改

使用 ALTER 语句对用户存储过程进行修改，实质上是用新定义的存储过程替换原来的定义，其语法格式如下：

```
ALTER PROC [ EDURE ]procedure_name
[{ @parameter data_type } [= default ] [ OUTPUT ]][ ,…n ]
[WITH{RECOMPILE | ENCRYPTION| RECOMPILE , ENCRYPTION}]
[FOR REPLICATION]
AS sql_statement […n]
```

当然，也可以在"对象资源管理器"中对存储过程进行修改。

（2）存储过程的删除

使用 DROP 语句对存储过程进行删除，其语法格式如下：

```
DROP {PROC|PROCEDURE} {procedure_name} […n]
```

同样，也可以在"对象资源管理器"中对存储过程进行删除。

6.2.2 创建与执行存储过程

1. 简单存储过程

【子任务】 在 CourseDB 学生选课数据库中，创建存储过程 PRO_Calculate，用来计算绩点（不考虑学分），并存放于 Grade 列中。

具体步骤如下。

① 新建存储过程。在 SSMS 的工具栏中选择"新建查询"按钮，进入"查询编辑器"窗口。和 T-SQL 编程一样，存储过程也可以直接在查询编辑器中进行设计和创建。

② 设计存储过程。根据本任务要求，在"查询编辑器"中编写相应的 T-SQL 代码，代码如下：

```
USE CourseDB
GO
CREATE PROCEDURE PRO_Calculate
--使用 CREATE PROCEDURE 创建名称为 PRO_Calculate 的存储过程
AS
--AS 后面为存储过程的内容
UPDATE Study
  SET Grade=(Score-60)/10.0+1.0
  WHERE Score>=60
SELECT*FROM Study
GO
--使用 GO 表示一批 T-SQL 语句结束
```

③ 创建存储过程。代码编写好后，存储过程并没有创建。需要执行步骤②中的代码才能完成存储过程的创建，代码执行后可看到"命令已成功完成"的消息提示。

代码执行成功后可以在"对象资源管理器"中看到刚才创建的名为"PRO_Calculate"的存储过程。

思考：如果将步骤②中的代码再执行一次会出现什么情况？为什么？

④ 执行存储过程。

在步骤③中执行代码的结果是创建了新的存储过程，但存储过程里面所包含的代码并没有执行，可以直接在"查询编辑器"中编写如下的代码来调用存储过程：

```
EXEC PRO_Calculate
```

其中，EXEC 是用来执行存储过程的命令。存储过程执行后可看到如图 6-5 所示的结果。这时，可以看到选课表 Study 表中的 Grade 列的绩点都已被计算好，数据都被显示出来，存储过程成功执行。

SID	CID	Score	Grade
18011101	0101	78	2.8
18011101	0102	85	3.5
18011101	0201	83	3.3
18011102	0102	88	3.8
18020201	0102	77	2.7
18020202	0102	75	2.5
18031101	0101	91	4.1
18040101	0201	93	4.3
18040101	0202	79	2.9
18051301	0301	80	3.0
NULL	NULL	NULL	NULL

图 6-5 存储过程执行结果

提示：执行存储过程还有另外一种方法。即在要执行的存储过程上直接右击，然后选择"执行存储过程(E)"，就可执行所选的存储过程。

2. 带参数存储过程

【子任务】 在 CourseDB 学生选课数据库中，创建存储过程 PRO_Study，用来返回指定学生的选修课程情况。

具体步骤如下：

① 设计存储过程。根据本任务的要求，在"查询编辑器"中编写相应的 T-SQL 代码，代码如下：

```
USE CourseDB
GO
CREATE PROCEDURE PRO_Study
@VAR_SIDchar(8)
--定义输入参数@VAR_SID，用来获取外部传递的参数
AS
SELECT * FROM Study WHERE SID=@VAR_SID
GO
```

说明：存储过程会使用参数@VAR_SID 来接收从外部传递的学号，然后存储过程根据这个学号来完成后面的查询操作。

② 创建存储过程。将（1）中的代码执行后，可在数据库中创建一个名为"PRO_Study"的存储过程。

③ 执行存储过程。由于该存储过程带有输入参数，在执行时需要给存储过程传递一个输入值，否则将会报错。执行存储过程的代码如下：

```
EXEC PRO_Study '18011101'
```

存储过程名称后面所带的内容即为存储过程的传入值，这里表示需要查询学号为'18011101'的学生的学习成绩。其执行结果如图 6-6 所示。

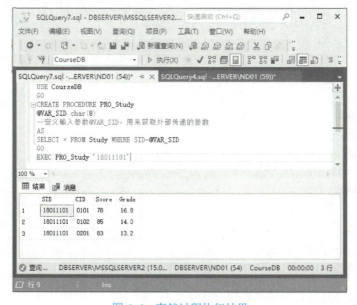

图 6-6　存储过程执行结果

存储过程的执行有如下 3 种情况。
① 不带参数存储过程的执行，其语法格式为：
　　EXEC 存储过程名
② 带输入参数存储过程的执行，其语法格式为：
　　EXEC 存储过程名 输入值 1，输入值 2
③ 带输出参数存储过程的执行，其语法格式为：
　　EXEC 存储过程名 输入值，接收输出值的变量 OUTPUT

思考： 执行存储过程时如果有多个参数该怎么调用？多个参数之间有顺序关系吗？

6.2.3 查看与维护存储过程

1. 查看存储过程信息

【子任务】 查看 CourseDB 学生选课数据库中的存储过程 PRO_Calculate 的信息。

具体步骤如下。

（1）用 SSMS 方式查看存储过程信息

在 SSMS 中，依次展开"CourseDB"数据库→"可编程性"节点→"存储过程"节点，右击"PRO_Calculate"存储过程，在弹出的快捷菜单中单击"属性"命令，出现如图 6-7 所示的"存储过程属性"对话框。选择"常规""权限""扩展属性"选项卡，可以查看存储过程的相关信息。

图 6-7 "存储过程属性"对话框

（2）用 T-SQL 语句查看存储过程信息

用 T-SQL 语句查看存储过程 PRO_Calculate 的定义，代码如下：

```
USE CourseDB
GO
EXEC sp_helptext PRO_Calculate
```

执行结果如图 6-8 所示。

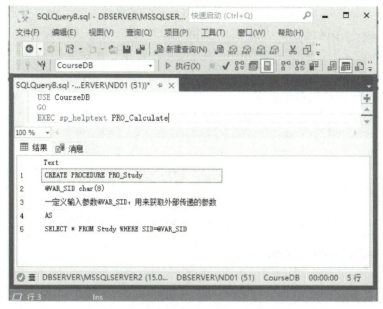

图 6-8　存储过程 PRO_Calculate 的定义

用 T-SQL 语句查看存储过程 PRO_Calculate 的相关信息，代码如下：

```
USE CourseDB
GO
EXEC sp_help PRO_Calculate
```

执行结果如图 6-9 所示。显示存储过程 PRO_Calculate 的所有者、创建时间及类型的参数信息。

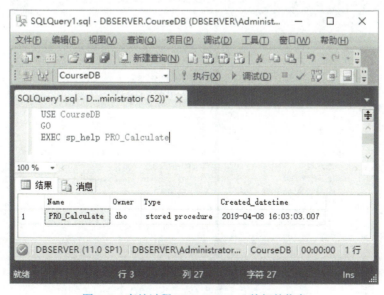

图 6-9　存储过程 PRO_Calculate 的相关信息

2. 修改存储过程

【子任务】 修改 CourseDB 学生选课数据库中的 PRO_Calculate 存储过程。

（1）用 SSMS 方式修改存储过程

在 SSMS 中，依次展开"CourseDB"数据库→"可编程性"节点→"存储过程"节点，右击"PRO_Calculate"存储过程，在弹出的快捷菜单中单击"修改"命令，可以对存储过程 PRO_Calculate 的定义进行修改。在弹出的快捷菜单中单击"重命名"命令，可以对存储过程 PRO_Calculate 的名称进行修改。

（2）用 T-SQL 语句修改存储过程

用 T-SQL 语句修改存储过程 PRO_Calculate，使之显示成绩不低于 85 分的绩点，代码如下：

```
USE CourseDB
GO
--GO 代表一批 T-SQL 语句结束
ALTER PROCEDURE PRO_Calculate
--使用 ALTER PROCEDURE 命令修改名称为 PRO_Calculate 的存储过程
AS
--AS 后面为修改的存储过程语句
SELECT *
FROM Study
WHERE Score>=85
GO
EXEC PRO_Calculate
--执行更新后的存储过程
```

执行结果如图 6-10 所示。

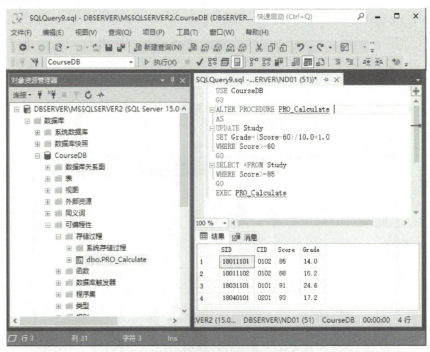

图 6-10　修改并执行存储过程 PRO_Calculate

3. 删除存储过程

【子任务】 删除 CourseDB 学生选课数据库中的 PRO_Calculate 存储过程。

（1）用 SSMS 方式删除存储过程

在 SSMS 中，依次展开"CourseDB"数据库→"可编程性"节点→"存储过程"节点，右击"PRO_Calculate"存储过程，在弹出的快捷菜单中单击"删除"命令，出现如图 6-11 所示的对话框，单击"确定"按钮完成删除存储过程操作。

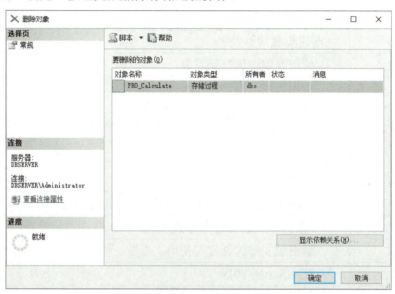

图 6-11 "删除对象"对话框

（2）用 T-SQL 语句删除存储过程

用 T-SQL 语句删除存储过程 PRO_Calculate，代码如下：

```
USE CourseDB
GO
DROP PROC PRO_Calculate
```

6.2.4 任务训练与检查

1. 课堂训练

1）按照任务实施过程的要求完成各子任务并检查结果。

2）在 BookDB 图书借阅数据库中，创建一个存储过程，根据输入的图书号 BID，列出该图书的数量 BNum。要求：在存储过程中定义用于接收图书号的输入参数，然后根据该参数中的图书号从图书表中查询相应的结果；显示出 BID 和 BNum。

3）在 BookDB 图书借阅数据库中，创建一个存储过程，根据输入的读者号 RID，列出该读者的借书信息 RName、BName。要求：在存储过程中定义用于接收读者号的输入参数，然后从读者表、图书表及借阅表中进行多表查询从而得到相应的结果；显示出 RName、BName。

2. 检查与问题讨论

1）检查课堂实践的完成情况，并对过程中发现的问题进行讨论。

2）讨论在 T-SQL 编程中使用存储过程所带来的好处。
3）总结并讨论存储过程创建、修改以及删除的方法。

任务 6.3　创建与激活触发器

任务 6.3 工作任务单

工作任务	创建与激活触发器	学时	4
所属模块	使用存储过程与触发器		
教学目标	知识目标：掌握 T-SQL 编写触发器的方法； 技能目标：能够使用 T-SQL 语句编写简单触发器； 　　　　　能够使用 T-SQL 语句编写带有逻辑结构的触发器 素质目标：培养独立思考、克服困难，以及发现问题、解决问题的能力		
思政元素	专注和执着的职业精神		
工作重点	使用 T-SQL 语句编写带有逻辑结构的触发器		
技能证书要求	《数据库系统工程师考试大纲》要求会创建触发器		
竞赛要求	掌握触发器的创建与使用，查看、修改、维护及删除触发器		
使用软件	SQL Server 2019		
教学方法	教法：任务驱动法、项目教学法、情境教学法等； 学法：分组讨论法、线上线下混合学习法等		
工作过程	一、课前任务	通过在线学习平台发布课前任务： ● 观看创建与激活触发器的微课视频； 二维码 6-3 ● 完成课前测试	
	二、课堂任务	1. 课程导入 2. 明确学习任务 （1）主任务 1）简单触发器。在 CourseDB 学生选课数据库中创建一个触发器，用于在学生表中有数据添加时进行提示。 2）带逻辑结构的触发器。在 CourseDB 学生选课数据库中创建一个触发器，用于在学生表中有数据删除时判断数据完整性。 任务所涉及的知识点与技能点如图 6-12 所示。	

工作过程		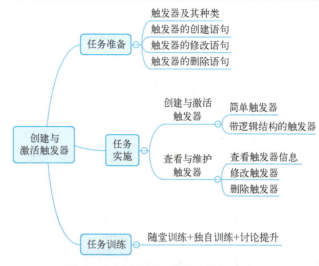
图 6-12 创建与激活触发器技能结构图
	二、课堂任务	（2）安全与规范教育 1）安全纪律教育。 2）注意事项。 3．任务前检测 4．任务实施 1）老师进行知识讲解，演示触发器创建及执行。 2）学生练习主任务，并完成任务训练与检查（见 6.3.4 小节）。 3）教师巡回指导，答疑解惑、总结。 5．任务展示 教师可以抽检、全检；学生把任务结果上传到学习平台；学生上台展示。 6．任务评价 学生可以互评和自评，也可开展小组评价。 7．任务后检测 如果数据插入时出现错误或冲突，触发器将会给出怎样的结果？ 8．任务总结 1）工作任务完成情况：是（　），否（　）。 2）学生技能掌握程度：好（　），一般（　），差（　）。 3）操作的规范性及实施效果：好（　），一般（　），差（　）
	三、工作拓展	在 HR 数据库中，创建一个触发器，要求：对员工基本信息表中的部门编号进行修改时，判断部门信息表中是否存在该部门。如果不存在，则不能修改，并给出不允许修改的提示信息；如果存在，则修改部门编号，并给出修改成功的信息
	四、工作反思	

6.3.1 任务知识准备

1. 触发器及其种类

触发器实际上就是一种特殊类型的存储过程，是一个在修改指定表中数据时执行的存储过程，用于实现主键和外键所不能保证的复杂参照的完整性和数据一致性。触发器是通过对操作事件进行触发而被执行，当对表进行诸如 UPDATE、INSERT、DELETE 等操作时，SQL Server 就会自动执行对应的触发器。触发器具有自动执行、跟踪变化、级联更改、强化约束等作用。

在 SQL Server 中，按触发事件的不同可分为 DML 触发器和 DDL 触发器。其中 DML 触发器是指数据库服务器中发生数据操作语言（DML）事件时要执行的操作。通常所说的 DML 触发器主要包括 3 种：INSERT 触发器、UPDATE 触发器、DELETE 触发器。DDL 触发器是指当服务器或者数据库中发生数据定义语言（DDL）事件时将被调用，例如 CREATE、ALTER、DROP 开头的语句，会激发 DDL 触发器。本教材仅介绍 DML 触发器的创建与维护等操作。

2. 触发器的创建语句

在 SQL Server 中，使用 CREATE TRIGGER 语句创建 DML 触发器，其语法格式如下：

```
CREATE TRIGGER trigger_name ON { table | view }
[ WITH ENCRYPTION ]
{ FOR | AFTER | INSTEAD OF} {[ INSERT] [ , ] [ UPDATE ] [ , ] [ DELETE ] }
[ NOT FOR REPLICATION ]
AS sql_statement
```

其中，

- trigger_name：触发器名称。
- table|view：执行触发器的表或视图。
- WITH ENCRYPTION：对触发器的文本进行加密。
- FOR|AFTER：指触发器在完成指定操作后才执行所包含的 SQL 语句。如果仅指定 FOR 关键字，则 AFTER 是默认设置。
- INSTEAD OF：将用触发器中 SQL 语句代替触发事件中包含的 SQL 语句来执行程序的执行。
- [INSERT] [,] [UPDATE] [,] [DELETE]：指定在表或视图上用于激活触发器的操作类型。必须至少指定一个选项。在触发器定义中允许使用这些选项的任意组合。如果指定的选项多于一个，需用逗号分隔。
- NOT FOR REPLICATION：表示当复制进程更改触发器所涉及的表时，不执行该触发器。
- sql_statement：用于定义触发器执行的各种操作，即对表或视图进行 DELETE、INSERT 或 UPDATE 操作时，这些 T-SQL 语句将被执行。

> 提示：① 触发器是对象，必须具有数据库中的唯一名称。
> ② 触发器是基于对表数据更新的一个动作或一组动作创建的。一般一个触发器可以响应几个动作（INSERT、UPDATE 或 DELETE）。一个触发器不能放置到多个表上。

3. 触发器的修改语句

使用 ALTER TRIGGER 语句修改触发器，其语法格式如下：

```
ALTER TRIGGER trigger_name ON {表|视图}
{FOR |AFTER|INSTER OF} {[DELETE],[INSERT],[UPDATE]}
[WITH ENCRYPTION]
AS
[IF update(列名) [and | or update(列名)]]
sql_statement
```

4. 触发器的删除语句

使用 DROP TRIGGER 语句来删除触发器，其语法格式如下：

```
DROP TRIGGER trigger_name
```

6.3.2 创建与执行触发器

1. 简单触发器

【子任务】 在 CourseDB 学生选课数据库中，创建触发器 TG_AddStudent，用于在学生表中有数据添加时进行提示。

具体步骤如下。

（1）新建触发器

在 SSMS 的工具栏中选择"新建查询"按钮，进入"查询编辑器"窗口。与 T-SQL 编程一样，触发器也可以直接在查询编辑器中进行设计和创建。

（2）设计触发器

根据任务要求，在"查询编辑器"中编写相应的 T-SQL 代码，代码如下：

```
USE CourseDB
GO
CREATE TRIGGER TG_AddStudent
--使用 CREATE TRIGGER 来创建名为 TG_AddStudent 的触发器
ON Student
--使用 ON 指定该触发器的作用对象是数据表 Student
AFTER INSERT
--使用 AFTER INSERT 表明该触发器会在数据表上有 INSERT 操作时触发
AS
PRINT '成功添加学生信息'
GO
```

说明：由于该触发器的作用对象为学生表，因此在代码中使用"ON Student"来指明操作的对象。并且使用"AFTER INSERT"来指明是在添加数据时会产生触发的操作。这样，当学生表中有新学生数据添加时，该触发器就会触发。

（3）创建触发器

执行步骤（2）中的代码即可创建触发器，可以在表 Student 的"触发器"文件夹中看到新创建的触发器"TG_AddStudent"。

（4）执行触发器

与存储过程不同，触发器不能直接执行，只能在指定的操作发生时才能执行。这里可以向学生表中添加新的学生数据来执行触发器。在"查询编辑器"中编写如下的代码来进行数据添加：

```
USE CourseDB
GO
INSERT INTO Student(SID,SName,SMajor,SSex)
    VALUES('18050102','张海军','应用电子技术','男')
```

执行上述代码后，可以在消息栏中看到系统输出了"成功添加学生信息"的提示，表示触发器成功执行。

思考：如果数据插入时出现错误或冲突，触发器将会给出怎样的结果呢？

2. 带逻辑结构的触发器

【**子任务**】 在 CourseDB 学生选课数据库中，创建触发器 TG_DeleteStudent，用于在"Student"表中有数据删除时判断数据完整性。

具体步骤如下。

（1）设计触发器

根据本任务要求，进入"查询编辑器"窗口，在其中编写相应的 T-SQL 代码，代码如下：

```
USE CourseDB
GO
CREATE TRIGGER TG_DeleteStudent
ON Student
INSTEAD OF DELETE
--使用 INSTEAD OF DELETE 来指定触发器在执行 DELETE 操作前就触发
AS
DECLARE @VAR_SIDchar(8)
--定义变量@VAR_SID 来保存将要删除的学生的学号
SELECT @VAR_SID=SID FROM DELETED
--从 deleted 系统临时表中获取将要删除的学生的学号
IF (SELECT COUNT(*) FROM Study WHERE SID=@VAR_SID)>0
--判断选课记录表 Study 中是否存在该学生的选课记录
    PRINT '不能删除该学生信息'
ELSE
BEGIN
    DELETE FROM Student WHERE SID=@VAR_SID
    PRINT '成功删除该学生信息'
END
GO
```

说明：在代码中使用了"INSTEAD OF"来代替"AFTER"，表示在执行操作前就对触发器进行触发，表示在删除学生信息之前就对数据库的数据完整性进行验证，如果在选课表中存在该学生，则不允许删除；如果不存在则将学生信息删除。

思考：如果将 INSTEAD OF DELETE 换成 AFTER DELETE 将会出现什么结果？

> **提示**：通常情况下，当用户执行 DELETE 语句时，SQL Server 从表中删除对应的记录。但是，这种行为在表添加了 DELETE 触发器之后会有所不同。因为当激活 DELETE 触发器时，从受影响的表中删除的记录将被存放到一个特殊的 DELETED 临时表中，保留已被删除的数据的一个副本。因此，可以从 DELETED 临时表中再取出被删除的数据。

（2）创建触发器

执行（1）中的代码就可以创建名为"TG_DeleteStudent"的触发器，同样可以在"对象资源管理器"中看到它。

(3) 执行触发器

为了能够执行"TG_DeleteStudent"触发器,在"查询编辑器"中编写如下的代码来对学生表中的数据进行删除:

```
USE CourseDB
GO
DELETE Student WHERE SID='18011101'
```

而且当"选修课"表中存在学生"18011101"的修课记录时,会在消息栏中看到"不能删除该学生信息"的提示,表示学生"18011101"的数据并未被删除。

如果将要删除的学生的学号设为"18050102"时,会在消息栏中看到"成功删除该学生信息"的提示,同时学生"18050102"的数据已被删除。

6.3.3 查看与维护触发器

1. 查看触发器信息

【子任务】 查看 CourseDB 学生选课数据库中的触发器 TG_AddStudent 的信息。

具体步骤如下。

(1) 用 SSMS 方式查看触发器信息

在 SSMS 中,依次展开"CourseDB"数据库→"Student"表节点→"触发器"节点,右击"TG_AddStudent"触发器,在弹出的快捷菜单中单击"查看依赖关系"命令,出现如图 6-13 所示的对话框,可以查看 TG_AddStudent 触发器相关的依赖关系。

图 6-13 "对象依赖关系"对话框

(2) 用 T-SQL 语句查看触发器信息

用 T-SQL 语句查看触发器 TG_AddStudent 的定义,代码如下:

```
USE CourseDB
GO
EXEC sp_helptext TG_AddStudent
```

执行结果如图 6-14 所示。

用 T-SQL 语句查看触发器 TG_AddStudent 的相关信息,代码如下:

```
USE CourseDB
GO
EXEC sp_help TG_AddStudent
```

执行结果如图 6-15 所示,显示触发器 TG_AddStudent 的所有者、创建时间等信息。

2. 修改触发器

【子任务】 修改 CourseDB 学生选课数据库中的 TG_AddStudent 触发器

(1) 用 SSMS 方式修改触发器

在 SSMS 中,依次展开"CourseDB"数据库→"Student"表节点→"触发器"节点,右击"TG_AddStudent"触发器,在弹出的快捷菜单中单击"修改"命令,可以对触发器 TG_AddStudent 的定义进行修改。

图 6-14　查看触发器 TG_AddStudent 的定义　　图 6-15　查看触发器 TG_AddStudent 的相关信息

(2) 用 T-SQL 语句修改触发器

用 T-SQL 语句修改触发器 TG_AddStudent，即将插入成功的返回信息改为"添加学生成功"，代码如下：

```
USE CourseDB
GO
ALTER TRIGGER TG_AddStudent
ON Student
AFTER INSERT
AS
PRINT '添加学生成功'
```

3. 删除触发器

【子任务】　删除 CourseDB 学生选课数据库中的 TG_AddStudent 触发器。

(1) 用 SSMS 方式删除触发器

在 SSMS 中，依次展开"CourseDB"数据库→"Student"节点→"触发器"节点，右击"TG_AddStudent"触发器，在弹出的快捷菜单中单击"删除"命令，出现如图 6-16 所示的对话框。单击"确定"按钮完成删除触发器操作。

图 6-16　"删除对象"对话框

(2) 用 T-SQL 语句删除触发器

用 T-SQL 语句删除触发器 TG_AddStudent，代码如下：

```
USE CourseDB
GO
DROP TRIGGER TG_AddStudent
```

6.3.4　任务训练与检查

1. 课堂训练

1) 按照任务实施过程的要求完成各子任务并检查结果。

2）在 BookDB 图书借阅数据库中，创建一个触发器，当图书表有数据删除时，根据借阅表来判断数据完整性并给出相应的提示。要求：对图书表执行图书删除时，判断借阅表中是否存在该图书，如果存在，则不删除该图书，并给出不允许删除的提示信息；如果不存在，则删除该图书，并给出删除成功的信息。

2. 检查与问题讨论

1）检查课堂实践的完成情况，并对发现的问题进行讨论。
2）讨论使用触发器所带来的好处及使用场合。
3）总结并讨论触发器创建、修改以及删除的方法。

小结

1. 用户可以使用 T-SQL 语言编写由 T-SQL 表达式、数据库查询语句以及流程控制语句等组成的服务器端程序，并用这些程序来实现复杂的程序逻辑以及特定的功能。主要涉及常量、变量、函数、流程控制语句等的编程使用。
2. 存储过程是一种运用广泛的数据库对象，能够实现某种特定的功能，提高系统运行效率。主要涉及存储过程的设计、创建和执行等。
3. 触发器作为约束的补充，在 SQL Server 的控制业务规则及保证数据的完整性上有着重要作用。主要涉及触发器的设计、创建和触发等。

课外作业

一、选择题

1. 使用 DECLARE 定义局部变量@m，则下列能对@m 进行赋值的语句是（   ）。
   A. @m=100   B. SET @m=100
   C. SELECT @m=100   D. DECLARE @m=100
2. 下列运算符优先级别最高的是（   ）。
   A. ALL   B. NOT   C. AND   D. OR
3. 下列函数中用于将字符转换为 ASCII 码的函数是（   ）。
   A. CHAR()   B. ASCII()   C. NCHAR()   D. UNICODE()
4. 可用于返回今天属于哪个月份的 T-SQL 语句是（   ）。
   A. SELECT DATEDIFF(mm,GetDate())   B. SELECT DATEPART(month,GetDate())
   C. SELECT DATEDIFF(n,GetDate())   D. SELECT DATENAME(dw,GetDate())
5. 有下列 T-SQL 语句

```
DECLARE @sub varchar(10)
SET @sub='aaa'
SELECT @sub=SUBSTRING('HELLO SQL Server',3,3)
PRINT @sub
```

则程序执行后的显示结果为（　　）。
A．程序报错　　　　　B．'aaa'　　　　　　C．'LLO'　　　　　　D．'LO'

6．下列关于触发器的描述，正确的是（　　）。
A．一个触发器只能定义在一个表中　　　B．一个触发器能定义在多个表中
C．一个表上只能有一种类型的触发器　　D．一个表上可以有多种不同类型的触发器

7．下列关于存储过程的描述不正确的是（　　）。
A．存储过程能增强代码的重用性　　　　B．存储过程可以提高运行速度
C．存储过程可以提高系统安全　　　　　D．存储过程不能被直接调用

8．下列字符串函数中可用于返回子字符串的是（　　）。
A．LEFT()　　　　　B．REPLACE()　　　C．RIGHT()　　　　D．SUBSTRING()

二、填空题

1．T-SQL 中的整数类型包括（　　）、（　　）、（　　）、（　　）。
2．T-SQL 中的变量分为（　　）和（　　）两种。
3．（　　）和（　　）运算符可用于对 datetime 及 smalldatetime 类型的值执行算术运算。
4．根据常量的类型不同，可分为字符串常量、二进制常量、（　　）、（　　）、（　　）、（　　）。
5．SQL Server 中的运算符可以分为算术运算符、（　　）、（　　）、（　　）、（　　）、（　　）一元运算符。

三、简答题

1．简述 T-SQL 中局部变量和全局变量的使用原则。
2．简述运算符的类型和优先顺序。
3．简述常用流程控制语句的种类和功能。
4．简述在 T-SQL 编程中使用存储过程的好处。

四、实践题

1．在 HR 数据库中，统计并显示男员工数和女员工数。要求声明局部变量并进行赋值，然后显示局部变量的值。

2．在 HR 数据库中，创建一个存储过程，根据输入的员工编号 ENo，显示该员工的身份证号 EID。要求：在存储过程中定义用于接收员工编号的输入参数，然后根据该参数中的员工编号从员工基本信息表中查询相应的结果；显示出 ENo、EName、EID。

3．在 HR 数据库中，创建一个存储过程，根据输入的员工编号 ENo，显示该员工的工资信息。要求：在存储过程中定义用于接收员工编号的输入参数，然后从员工基本信息表、工资信息表中进行多表查询从而得到相应的结果；显示出 EName、BasicSal、Subsidy、Bonus。

4．在 HR 数据库中，创建一个触发器，当员工基本信息表中部门编号有变化时，根据部门信息表来判断数据完整性并给出相应的提示。要求：对员工基本信息表中的部门编号进行修改时，判断部门信息表中是否存在该部门。如果不存在，则不能修改，并给出不允许修改的提示信息；如果存在，则修改部门，并给出修改成功的信息。

模块3

数据库维护

子模块 7　数据库安全与维护

　　数据库的安全管理和日常维护是系统管理员的重要职责。数据库安全管理是指保护服务器和存储在服务器中的数据，SQL Server 2019 的安全管理可以决定：哪些用户可以登录到服务器，登录到服务器的用户可以对哪些数据库对象执行操作或者管理任务等。数据库日常维护主要内容包括：备份数据库、备份事务日志、数据还原与管理、监视系统运行状况等。

　　本模块主要介绍身份验证与登录、数据库用户管理、权限设置与角色管理、数据库备份与还原等方面的知识、技能及方法。

【学习目标】

- 了解 SQL Server 2019 的安全等级
- 学会服务器身份验证模式设置方法
- 掌握登录账户的创建和维护方法
- 掌握数据库用户的创建和管理方法
- 掌握数据库使用权限的设置方法
- 学会数据库角色的创建和使用方法
- 掌握数据库备份和还原方法

【学习任务】

任务 7.1　认知 SQL Server 2019 的安全等级
任务 7.2　身份验证模式与登录
任务 7.3　数据库用户管理
任务 7.4　权限设置与角色管理
任务 7.5　数据库备份与还原

任务 7.1　认知 SQL Server 2019 的安全等级

任务 7.1 工作任务单

工作任务	认知 SQL Server 2019 的安全等级	学时	4
所属模块	数据库安全与维护		
教学目标	知识目标：理解 SQL Server 2019 的安全等级； 技能目标：掌握 SQL Server 2019 的安全控制； 素质目标：培养安全意识以及一丝不苟，精益求精的职业能力		
思政元素	引入国家在信息技术领域的安全需要和保密措施		

工作重点		掌握 SQL Server 2019 的安全控制
技能证书要求		根据《数据库系统工程师考试大纲》要求掌握数据库的安全策略以及数据库安全控制
竞赛要求		掌握数据库的安全策略、数据库安全测量以及安全防护
使用软件		SQL Server 2019
教学方法		教法：任务驱动法、项目教学法、情境教学法等； 学法：分组讨论法、线上线下混合学习法等
工作过程	一、课前任务	通过在线学习平台发布课前任务： ● 观看 SQL Server 2019 安全等级认知的微课视频； 二维码 7-1 ● 完成课前测试
	二、课堂任务	1．课程导入 2．明确学习任务 （1）主任务 1）理解 SQL Server 2019 的安全等级； 2）掌握 SQL Server 2019 的安全控制。 任务所涉及的知识点与技能点如图 7-1 所示。 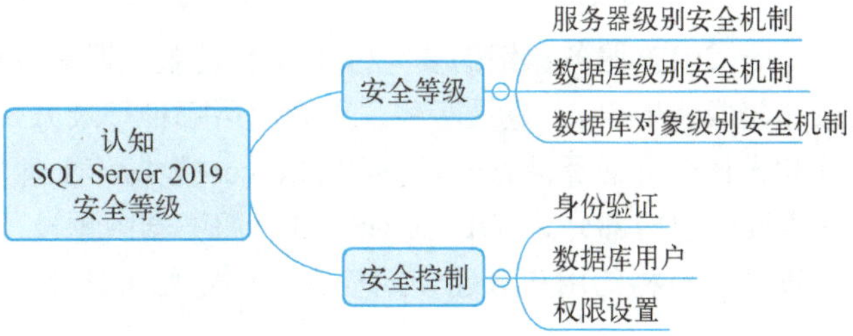 图 7-1　SQL Server 2019 的安全等级知识结构图 （2）安全与规范教育 1）安全纪律教育。 2）注意事项。 3．任务前检测 4．任务实施 1）老师进行知识讲解，演示并讲解 SQL 的 3 个级别，即服务器级别安全机制、数据库级别安全机制及数据库对象级别安全机制。 2）学生练习主任务，并完成任务训练与检查（见 7.2.5 小节）。 3）教师巡回指导，答疑解惑、总结。 5．任务展示

工作过程	二、课堂任务	教师可以抽检、全检；学生把任务结果上传到学习平台；学生上台展示。 6．任务评价 学生可以互评和自评，也可开展小组评价。 7．任务后检测 使用 sa 和计算机名\Windows 管理员账户两个常用的默认登录名登录 SQL Server。 8．任务总结 1）工作任务完成情况：是（ ），否（ ）。 2）学生技能掌握程度：好（ ），一般（ ），差（ ）。 3）操作的规范性及实施效果：好（ ），一般（ ），差（ ）
	三、工作拓展	用 SSMS 方式创建 Windows 登录名"DBAdminWin"，并进行登录验证
	四、工作反思	

7.1.1 SQL Server 2019 的安全等级

SQL Server 2019 的安全体系可以分为认证和授权两个部分，主要包括 3 个级别的安全机制：服务器级别安全机制、数据库级别安全机制及数据库对象级别安全机制。

1．服务器级别安全机制

SQL Server 2019 服务器级的安全性主要通过服务器登录和密码进行控制，它采用了 SQL Server 登录和集成 Windows 登录两种。无论使用哪种登录方式，用户在登录时必须提供密码和账号，管理和设计合理的登录方式是 SQL Server 数据库管理员的重要任务，也是 SQL Server 安全体系中重要的组成部分。SQL Server 2019 服务器中预设了很多固定服务器的角色，用来为具有服务器管理员资格的用户分配使用权限，固定服务器角色的成员可以拥有服务器级的管理权限。

2．数据库级别安全机制

SQL Server 2019 数据库级的安全性主要通过数据库的用户账户进行控制，要想访问一个数据库，必须拥有该数据库的一个用户账户，该用户账户是在登录服务器时通过登录账户进行映射的。在建立用户的登录账户信息时，SQL Server 提示用户选择默认的数据库，并分给用户权限，以后每次用户登录服务器后，会自动转到默认数据库上。SQL Server 2019 允许用户在数据库上建立新的角色，然后为该角色授予多个权限，最后再通过角色将权限给予 SQL Server 2019 的用户，使用户获取具体数据的操作权限。

3．数据库对象级别安全机制

SQL Server 2019 数据库对象级的安全性主要通过数据库对象访问权限的设置进行控制，它是 SQL Server 2019 的安全体系的最后一个安全等级。创建数据库对象时，SQL Server 2019 将自动把该数据库对象的用户权限赋予该对象的所有者，对象的拥有者可以实现该对象的安全控制。

7.1.2 SQL Server 2019 的安全控制

用户对数据库中数据进行操作，必须经过身份验证和权限确认两个阶段，即必须满足以下 3 个条件：

① 登录 SQL Server 服务器时必须能通过身份验证。
② 必须是该数据库的用户，或者是数据库角色的成员。
③ 必须具有对数据库对象执行该操作的权限。

不管使用哪种验证方式，用户都必须具备有效的登录名。SQL Server 有两个常用的默认登录名：sa 和计算机名\Windows 管理员账户名。sa 是系统管理员，在 SQL Server 中拥有系统和数据库的所有权限，但是出于数据库安全性方面的考虑，sa 登录名在默认情况下是禁用的，在需要使用的时候可以启用 sa 登录名账户。SQL Server 为每个 Windows 管理员提供默认用户账户，该账户在 SQL Server 中拥有系统和数据库的所有权限。

初学时，为了熟悉 SQL Server 的功能，可以以系统管理员身份登录 SQL Server 服务器和数据库，它可以对数据库各种对象进行任何操作。其后，可以创建用户账户并分配权限，再用指定的用户账户登录 SQL Server 服务器和数据库，根据对应的权限操作对象。

任务 7.2　身份验证模式与登录

任务 7.2　工作任务单

工作任务	身份验证模式与登录	学时	4
所属模块	数据库安全与维护		
教学目标	知识目标：掌握 SQL Server 不同身份验证的模式设置； 技能目标：能够创建 Windows 登录名和 SQL Server 登录名，并进行登录验证； 能够修改 SQL Server 登录名属性，删除 SQL Server 登录名； 素质目标：培养安全意识以及一丝不苟、精益求精的职业精神，以及发现问题、解决问题的能力		
思政元素	增强学生安全意识和爱国情怀		
工作重点	创建 SQL Server 登录名，修改维护属性及删除登录名		
技能证书要求	《数据库系统工程师考试大纲》要求掌握数据库管理与维护的基本方法，数据库的安全策略理解以及数据库安全测量		
竞赛要求	掌握不同身份验证的模式设置的登录创建，修改及管理		
使用软件	SQL Server 2019		
教学方法	教法：任务驱动法、项目教学法、情境教学法等； 学法：分组讨论法、线上线下混合学习法等		

工作过程	一、课前任务	通过在线学习平台发布课前任务： ● 观看身份验证模式与登录的微课视频 二维码 7-2 ● 完成课前测试
	二、课堂任务	1．课程导入 2．明确学习任务 （1）主任务 1）身份验证模式设置。设置 SQL Server 的验证模式为"SQL Server 和 Windows 身份验证模式"，使其能够进行 SQL Server 身份验证。 2）创建登录账户。创建 Windows 登录名和 SQL Server 登录名，并进行登录验证。 3）维护登录账户。修改 SQL Server 登录名属性，删除 SQL Server 登录名。 任务所涉及知识点与技能点，如图 7-2 所示。 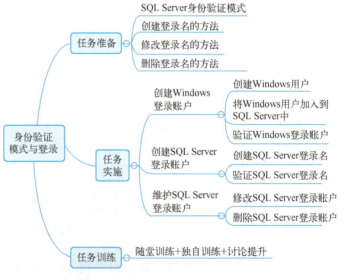 图 7-2　身份验证模式与登录知识技能结构图 （2）安全与规范教育 1）安全纪律教育。 2）注意事项。 3．任务前检测 4．任务实施 1）老师进行知识讲解，演示不同身份验证登录的方法。 2）学生练习主任务，并完成任务训练与检查（见 7.2.5 小节）。 3）教师巡回指导，答疑解惑、总结。 5．任务展示

工作过程	二、课堂任务	教师可以抽检、全检；学生把任务结果上传到学习平台；学生上台展示。 6．任务评价 学生可以互评和自评，也可开展小组评价。 7．任务后检测 介绍 SQL Server 登录名创建、修改和删除的方法？ 8．任务总结 1）工作任务完成情况：是（　），否（　）。 2）学生技能掌握程度：好（　），一般（　），差（　）。 3）操作的规范性及实施效果：好（　），一般（　），差（　）
	三、工作拓展	设置 SQL Server 服务器的身份验证方式为"混合模式"，使用 T-SQL 方式创建登录名"SJAdmin1"和"SJAdmin2"，密码均为"123456"
	四、工作反思	

7.2.1 任务知识准备

1．SQL Server 身份验证模式

用户访问数据库服务器之前，数据库服务器需要对来访用户进行身份合法性验证。身份验证模式是指 SQL Server 如何处理用户名和密码的过程，SQL Server 2019 提供了 Windows 身份验证和混合身份验证（SQL Server 和 Windows 身份验证模式）两种模式。

1）Windows 身份验证模式。该模式是指当用户通过 Windows 用户账户进行连接时，SQL Server 使用 Windows 操作系统中的账户信息验证账户名和密码。当数据库仅在内部访问时，常用这种验证模式。

2）混合身份验证模式（SQL Server 和 Windows 身份验证模式）。该模式可以同时使用 Windows 身份验证和 SQL Server 身份验证。当要使用 SQL Server 登录名连接数据库时，则必须将服务器身份验证设置为"SQL Server 和 Windows 身份验证模式"。此模式常用于外部的远程访问，如程序开发中的数据库访问。

SQL Server 2019 的两种登录模式可以根据实际情况来进行选择。在安装 SQL Server 2019 的过程中，在"数据库引擎配置"步骤中可以为数据库引擎指定身份验证模式。登录 SQL Server 2019 数据库服务器以后，也可以根据需要修改身份验证模式设置。

2．创建登录名的方法

登录名是存放在服务器上的一个实体，使用登录名可以进入服务器，但是在没有授权的情况下不能访问服务器中的数据库资源。如"sa"就是 SQL Server 自带的一个登录名，每个登录名的定义存放在 master 数据库的 syslogins 表中。有 4 种类型的登录名：SQL Server 登录名、Windows 登录名、证书映射登录名和非对称密钥映射登录名。本教材只介绍前 2 种。

登录名可以用 SSMS 方式或 T-SQL 语句创建。用 T-SQL 语句创建时，可使用 CREATE

LOGIN 语句创建登录名，基本语句格式如下：

```
CREATE LOGIN login_name { WITH <选项列表> | FROM WINDOWS [ WITH <windows 选项> ] }
<选项列表> ::=
    PASSWORD = 'password' [ MUST_CHANGE ]
    [ , DEFAULT_DATABASE = database [ ,... ] ]
<windows 选项> ::=
    DEFAULT_DATABASE = database
    | DEFAULT_LANGUAGE = language
```

语句中的主要参数说明如下：
- login_name 用于指定创建的登录名。
- WINDOWS 用于指定将登录名映射到 Windows 登录名。
- PASSWORD ='password'仅适用于 SQL Server 登录名，指定正在创建的登录名的密码。
- MUST_CHANGE 仅适用于 SQL Server 登录名。如果包括此选项，SQL Server 将在首次使用新登录名时提示用户输入新密码。
- DEFAULT_DATABASE=database 用于指定将指派给登录名的默认数据库。如果未包括此选项，则默认数据库将设置为 master。
- DEFAULT_LANGUAGE =language 用于指定将指派给登录名的默认语言。如果未包括此选项，则默认语言将设置为服务器的当前默认语言。

3. 修改登录名的方法

可以用 SSMS 方式或 T-SQL 语句修改。用 T-SQL 语句修改时，可使用 ALTER LOGIN 语句对登录名的密码、用户名和默认数据库等属性进行修改，基本语句格式如下：

```
ALTER LOGIN login_name
  {
   ENABLE | DISABLE
  |WITH NAME = login_name
  |PASSWORD = 'password' [ OLD_PASSWORD = 'oldpassword']
   | DEFAULT_DATABASE = database
   | DEFAULT_LANGUAGE = language
  }
```

语句中的主要参数说明如下：
- login_name 用于指定正在更改的 SQL Server 登录名。
- ENABLE|DISABLE 用于启用或禁用此登录。
- NAME = login_name 用于正在重命名的登录的新名称。如果是 Windows 登录，则与新名称对应的 Windows 主体的 SID（安全标识符）必须与 SQL Server 中登录相关联的 SID 匹配。SQL Server 登录的新名称不能包含反斜杠字符(\)。
- PASSWORD = 'password'仅适用于 SQL Server 登录账户，指定正在更改的登录名的密码，密码是区分大小写的。
- OLD_PASSWORD ='oldpassword'仅适用于 SQL Server 登录账户，指派新密码的登录的当前密码，密码是区分大小写的。

其他各个参数的作用参考 CREATE LOGIN 语句。

4. 删除登录名的方法

可以用 SSMS 方式或 T-SQL 语句删除。用 T-SQL 语句删除时，可使用 DROP LOGIN 语句删除登录名，语句格式如下：

```
DROP LOGIN login_name
```

- login_name：指定要删除的登录名。

7.2.2 创建 Windows 登录账户

【子任务】 创建 Windows 登录账户 DBAdminW，使其能建立信任连接以访问 SQL Server。

具体步骤如下。

（1）创建 Windows 用户

① 以管理员身份登录到 Windows，在系统中查找到"控制面板"，打开"控制面板"窗口，双击"管理工具"选项。

② 打开"管理工具"窗口，双击"计算机管理"选项，打开"计算机管理"窗口。

③ 选择"系统工具"→"本地用户和组"命令，右击"用户"节点，并在弹出的快捷菜单中选择"新用户"命令。

④ 在弹出的"新用户"对话框中，输入用户名"DBAdminW"，描述为"数据库管理员"，设置登录密码"123456"，选中"密码永不过期(W)"复选框，单击"创建"按钮，完成新用户的创建。

（2）将 Windows 用户加入到 SQL Server 中

① 启动 SSMS，以默认的 Windows 身份验证模式登录到 SQL Server 2019 数据库服务器，在"对象资源管理器"窗口中展开数据库服务器下面的"安全性"节点，右击"登录名"节点，在弹出的快捷菜单中选择"新建登录名"命令。

② 打开"登录名-新建"对话框，在"选择页"列表中选择"常规"项，在右侧单击"搜索"按钮。

③ 在"选择用户或组"对话框，依次选择"高级"→"立即查找"按钮，从用户列表中选择"DBAdminW"用户后，单击"确定"按钮，在"选择用户或组"对话框中列出了选择的用户，如图 7-3 所示。

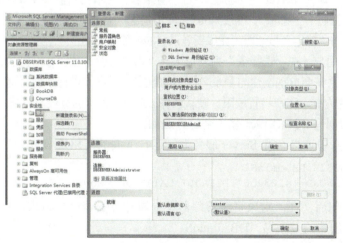

图 7-3　选择登录名的步骤

④ 单击"确定"按钮，返回"登录名-新建"对话框，在该对话框中选中"Windows 身份

验证"单选按钮,其他选项保持系统默认设置。

⑤ 单击"确定"按钮,完成 Windows 身份验证登录账户的创建。

说明:用户也可以在创建完新的操作系统用户之后,使用 T-SQL 语句来添加 Windows 登录账户,语句如下:

```
CREATE LOGIN [DBSERVER\DBAdminW] FROM Windows
```

提示:DBAdminW 必须是创建好的 Windows 用户。DBSERVER 这里指的是当前计算机名。FROM WINDOWS 指定创建的是 Windows 用户登录名。

(3) 验证 Windows 登录账户

① 在 Windows 系统中注销当前管理员账户,在 Windows 登录界面选择"DBAdminW"用户,输入密码"123456"登录到 Windows 系统。

② 打开 SSMS,在"连接到服务器"对话框中,用户名即为"DBSERVER/DBAdminW"。

③ 单击"连接"按钮,完成数据库服务器的连接。

7.2.3 创建 SQL Server 登录账户

【子任务】 在 SQL Server 中创建新的账户,其登录名"DBAdminS",设置其密码为"s123456",并进行登录验证。

具体步骤如下。

(1) 创建 SQL Server 登录名

可以用 SSMS 方式或 T-SQL 语句创建 SQL Server 登录名。用 SSMS 方式创建 SQL Server 登录名的步骤如下:

① 打开"登录名-新建"对话框。在"对象资源管理器"面板中展开数据库服务器下面的"安全性"节点,右击"登录名"节点,在弹出选项中选择"新建登录名"后,即可打开"登录名-新建"对话框。

② 新建 SQL Server 登录名。在"登录名-新建"窗口中,在"选择页"列表中选择"常规"项,在右侧选择页中选择"SQL Server 身份验证",在"登录名"文本框中输入登录名"DBAdminS",并在"密码"以及"确认密码"中都输入"s123456"。取消勾选"强制实施密码策略",设置默认数据库为"CourseDB"后,单击"确定"按钮即可完成新登录名的创建,如图 7-4 所示。

③ 映射数据库用户。在"选择页"列表中选择"用户映射"项,在右侧的选择页中选择映射到数据库 CourseDB,系统会自动创建与登录名同名的数据库用户并进行映射,这里可以选择该登录账户所属的数据库角色为登录账户设置权限,默认选择 public,表示拥有最小权限,如图 7-5 所示。

用 T-SQL 语句创建 SQL Server 登录名的方法如下:

以系统管理员身份连接 SQL Server 服务器,运行下面的 T-SQL 语句:

```
CREATE LOGIN DBAdminS1
  WITH PASSWORD='s123456',DEFAULT_DATABASE =CourseDB
```

运行上面的语句后,在"对象资源管理器"中展开"安全性"节点,再展开"登录名"节点,就能看到我们创建的登录名"DBAdminS1"。

提示:使用该命令新建的账户由于没有指明用户映射对象,因此,在未指明用户映射对象之前,不能成功连接数据库。

子模块 7　数据库安全与维护

图 7-4　新建登录名

图 7-5　"用户映射"选择页

（2）验证 SQL Server 登录名

① 将 SQL Server 的身份验证模式设置为混合模式。

如果身份验证模式已经为混合模式，可以直接进行第②步，不需要进行下面的设置。

在 SSMS 中以系统管理员身份登录数据库服务器，在"对象资源管理器"中，右击当前连接对象，在弹出选项中选择"属性"命令，打开"服务器属性"对话框。

在"服务器属性-DBSERVER"对话框中，选择左边"安全性"选项，在右侧的"服务器身份验证"项中，选择"SQL Server 和 Windows 身份验证模式"单选按钮，单击"确定"按钮，即可完成身份验证模式的设置，如图 7-6 所示。

 提示：要使混合验证模式生效，在设置完毕后需要重新启动 SQL Server 服务。

图 7-6　设置身份验证模式

② 打开"文件"菜单,选择"断开与对象资源服务器的连接"命令,断开服务器连接。

③ 打开"文件"菜单,选择"连接对象资源管理器"命令,打开"连接到服务器"对话框,从"身份验证"下拉列表中选择"SQL Server 身份验证",在"登录名"文本框输入"DBAdminS",在"密码"文本框输入"s123456",如图 7-7 所示。

④ 单击"连接"按钮,登录服务器。登录成功后的对象资源管理器如图 7-8 所示。

图 7-7 "连接到服务器"对话框

图 7-8 使用 SQL Server 账户登录

> **提示:** 由于新建登录名的默认数据库是 CourseDB 数据库,在用户映射时,系统会自动创建与登录名同名的数据库用户进行映射,在没有为该用户配置权限的情况下,该用户拥有对 CourseDB 数据库的最小访问权限,DBAdminS 登录名登录后能打开 CourseDB 数据库,但不能完成建表、查看表等其他操作,并且没有其他数据库的访问权限。

思考: 比较"DBAdminS"登录和使用"sa"登录有什么区别?

练一练

1)使用 SSMS 方式创建一个登录名"CourseAdmin",密码为"c123456"。

2)使用 T-SQL 方式创建一个登录名"LXAdmin",密码为"lx123456",默认数据库为"CourseDB"。

7.2.4 维护 SQL Server 登录账户

登录账户创建后,根据需要可以对它进行修改或删除等维护操作,例如,修改登录账户的名称、密码和默认数据库等。

【子任务】 将登录名"DBAdminS"修改为"DBAdminSA",密码修改为"123456";删除登录名"DBAdminSA"。

(1)修改 SQL Server 登录账户属性

用 SSMS 方式修改 SQL Server 登录账户属性的具体步骤如下:

① 查看登录账户。在"对象资源管理器"窗口中,依次展开数据库服务器下面的"安全性"→"登录名"节点,可以查看当前服务器中所有的登录账户。

② 修改登录账户名。右击要修改的登录名"DBAdminS",在弹出的快捷菜单中选择"重命名",在显示的虚文本框中输入新的名称"DBAdminSA"即可。

③ 修改账户密码。选择要修改的账户名"DBAdminSA",右击该账户节点,在弹出的快捷菜单中选择"属性",在弹出的"登录属性"对话框中进行密码的修改。

④ 修改其他属性信息。在"登录属性"对话框中还可以修改其他信息,如默认数据库、权限等,可以在对应的选择页根据需要来进行设置。

修改 SQL Server 登录账户属性也可以使用 T-SQL 中的 ALTER LOGIN 语句,其语句如下:

```
ALTER LOGIN DBAdminS
WITH NAME = DBAdminSA.PASSWORD = '123456'
```

执行该命令后，完成登录名的重命名和密码修改操作。刷新"安全性"节点，可以看到"DBAdminS"登录账户的名字已经变成了"DBAdminSA"。

练一练

（1）使用 T-SQL 方式将登录名"LXAdmin"修改为"LXAdmin1"，密码为"123456"。

（2）使用 T-SQL 方式修改登录名"CourseAdmin"的密码为"123456"。

（2）删除 SQL Server 登录账户

用 SSMS 方式删除 SQL Server 登录账户的具体步骤如下：

① 查找登录账户。在"对象资源管理器"窗口中，依次展开数据库服务器下面的"安全性"→"登录名"节点，找到要删除的登录账户"DBAdminSA"。

② 删除登录账户。右击"DBAdminSA"登录名，在弹出的快捷菜单中选择"删除(D)"命令，弹出"删除对象"对话框，单击"确定"按钮，即可完成登录账户的删除操作。

删除 SQL Server 登录账户也可以使用 T-SQL 的 DROP LOGIN 语句，其语句如下：

```
DROP LOGIN DBAdminSA
```

执行该命令后，完成登录名"DBAdminSA"的删除操作。删除之后刷新"安全性"节点，可以看到登录账户列表中已不存在"DBAdminSA"登录账户。

练一练

使用 T-SQL 方式删除登录名"LXAdmin1"。

7.2.5 任务训练与检查

1. 课堂训练

1）按照任务实施过程的要求完成各子任务并检查结果。

2）分别用 SSMS 方式和 T-SQL 语句创建 Windows 登录名"DBAdminWin"，并进行登录验证。

3）设置 SQL Server 的身份验证模式为"SQL Server 和 Windows 身份验证模式"。

4）用 SSMS 方式创建 SQL Server 登录名"DBAdminS1"，密码为"123456"，默认数据库为"master"。

5）用 T-SQL 语句创建 SQL Server 登录名"DBAdminS2"，密码为"123456"，默认数据库为"BookDB"。

6）用 SSMS 方式修改 SQL Server 登录名"DBAdminS1"，将"DBAdminS1"重命名为"DBAdminSA"，将密码改为"sa123456"。

7）用 T-SQL 语句修改 SQL Server 登录名"DBAdminS2"，将"DBAdminS2"重命名为"DBAdminSB"，将密码改为"sb123456"。

8）分别用 SSMS 方式和 T-SQL 语句删除登录名"DBAdminSA"和"DBAdminSB"。

2. 检查与讨论

1）检查课堂训练的完成情况，提出问题并讨论。

2）基本知识（关键字）讨论：身份验证模式、登录账户。

3）总结并讨论 SQL Server 登录名创建、修改和删除的方法。

任务 7.3　数据库用户管理

任务 7.3　工作任务单

工作任务	数据库用户管理	学时	4
所属模块	数据库安全与维护		
教学目标	知识目标：掌握数据库用户的作用； 技能目标：能够使用 SSMS 和 T-SQL 语句管理数据库用户； 素质目标：培养独立分析和解决问题的能力		
思政元素	严谨细心、责任意识		
工作重点	使用 T-SQL 语句管理数据库用户		
技能证书要求	《数据库系统工程师考试大纲》要求能实现数据库安全性和授权		
竞赛要求	实现数据库用户管理以确保数据库数据安全		
使用软件	SQL Server 2019		
教学方法	教法：任务驱动法、项目教学法、情境教学法等； 学法：分组讨论法、线上线下混合学习法等		
工作过程	一、课前任务	通过在线学习平台发布课前任务： ● 观看数据库用户管理的微课视频 二维码 7-3 ● 完成课前测试		
	二、课堂任务	1．课程导入 2．明确学习任务 （1）主任务：为 CourseDB 创建数据库用户并进行用户管理。 具体要求： 1）创建数据库用户。为 CourseDB 创建与某登录名关联的数据库用户。 2）修改数据库用户。修改数据库用户对应的登录名，修改数据库用户名等属性。 3）删除数据库用户。删除 CourseDB 中的某个数据库用户。 任务所涉及的知识点与技能点如图 7-9 所示。 （2）安全与规范教育 1）安全纪律教育。 2）注意事项。 3．任务前检测 4．任务实施 1）老师进行知识讲解，演示数据库用户的创建、修改和删除。		

工作过程	二、课堂任务	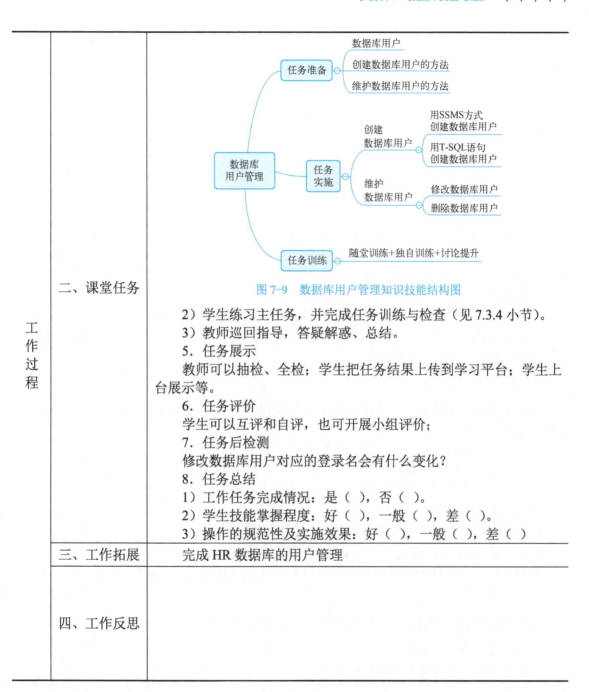 图 7-9 数据库用户管理知识技能结构图 2）学生练习主任务，并完成任务训练与检查（见 7.3.4 小节）。 3）教师巡回指导，答疑解惑、总结。 5．任务展示 教师可以抽检、全检；学生把任务结果上传到学习平台；学生上台展示等。 6．任务评价 学生可以互评和自评，也可开展小组评价； 7．任务后检测 修改数据库用户对应的登录名会有什么变化？ 8．任务总结 1）工作任务完成情况：是（ ），否（ ）。 2）学生技能掌握程度：好（ ），一般（ ），差（ ）。 3）操作的规范性及实施效果：好（ ），一般（ ），差（ ）
	三、工作拓展	完成 HR 数据库的用户管理
	四、工作反思	

7.3.1 任务知识准备

1．数据库用户

在实现安全登录后，下一个安全等级就是数据库的访问权。每个数据库都有自己的用户列表，若在建立登录名时没有为其指定相应的服务器角色或建立用户映射（即为其分配必要的权限），那么数据库的访问权可以通过映射数据库用户与登录账户之间的关系来实现。一个登录名在一个数据库中只能对应一个数据库用户，通过对数据库用户进行授权，可以为登录名提供数据库的访问权限。如"dbo"就是 SQL Server 自带的一个数据库用户名，当使用"sa"进行登录后，就可以以"dbo"用户的身份进行数据库资源访问。

2．创建数据库用户的方法

可以用 SSMS 方式或 T-SQL 语句创建。用 T-SQL 语句创建时，可使用 CREATE USER 语句创建数据库用户，基本语句格式如下：

```
CREATE USER user_name
[{ FOR | FROM } {LOGIN login_name | WITHOUT LOGIN}]
[ WITH DEFAULT_SCHEMA.= schema_name]
```

语句中的参数说明如下：
- user_name 用于指定在此数据库中用于识别该用户的名称，其长度最多为 128 个字符。
- login_name 用于指定要为其创建数据库用户的登录名。login_name 必须是服务器中的有效登录名。当此 SQL Server 登录名访问数据库时，它将获取正在创建的这个数据库用户的名称和 ID。
- WITHOUT LOGIN 用于指定不应将数据库用户映射到现有登录名。
- WITH DEFAULT_SCHEMA.= schema_name 用于指定服务器为此数据库用户进行对象名解析时搜索的第一个架构。

3．修改数据库用户的方法

使用 ALTER USER 语句可以修改数据库用户的用户名、相关联的登录名和默认的架构等，基本语句格式如下：

```
ALTER USER userName
  WITH NAME = newUserName
    | LOGIN = loginName
```

语句中的参数说明如下：
- userName 用于指定在此数据库中用于识别该用户的名称。
- NAME =newUserName 用于指定此用户的新名称。
- LOGIN= loginName 用于使用户映射到 loginName 指定的登录名。

4．删除数据库用户的方法

使用 DROP USER 语句可以删除数据库用户，基本语句格式如下：

```
DROP USER user_name
```

- user_name：指定要删除的用户名。

7.3.2 创建数据库用户

1．用 SSMS 方式创建数据库用户

【子任务】 为 CourseDB 学生选课数据库添加新的数据库用户"马可"，并设置其关联的登录名为"DBAdminSA"，"DBAdminSA"是已经创建好的有效登录名。

具体步骤如下：

1）打开数据库用户新建窗口。在"对象资源管理器"中展开"CourseDB"节点下的"安全性"节点，右击"用户"节点，在弹出快捷菜单中选择"新建用户"，即可打开"数据库用户-新建"窗口。

2）新建数据库用户。打开"数据库用户-新建"窗口后，在"用户类型"的下拉列表中选择"带登录名的 SQL 用户"，在"用户名"文本框中输入"马可"，并选择其登录名为"DBAdminSA"。单击"确定"按钮，完成数据库用户的新建，如图 7-10 所示。新建完成后，在 CourseDB 的"用户"节点中就可以看到名为"马可"的用户。而且，使用"DBAdminSA"登录名登录数据库服务器后，就可以使用用户"马可"对 CourseDB 进行访问了。

 提示：新建数据库用户时，在"成员身份"选择页对应的"数据库角色成员身份"列表框中，可以选择所属的数据库角色，如果不选择，则角色默认为 public 角色。

思考：使用新创建的"DBAdminSA"登录名登录数据库后，能否进行数据库用户的添加和删除？为什么？

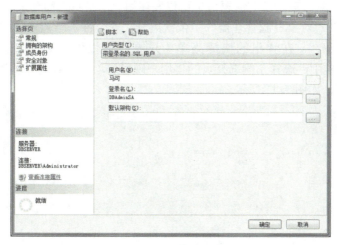

图 7-10　新建数据库用户

2. 用 T-SQL 语句创建数据库用户

【子任务】　使用 T-SQL 语句为 CourseDB 学生选课数据库添加新的数据库用户"李爱"，并设置其关联的登录名为"DBAdminSB"，"DBAdminSB"是已经创建好的有效登录名。

具体步骤如下：

① 使用数据库管理员登录数据库服务器，在查询编辑器中输入以下命令：

```
CREATE USER 李爱 FOR LOGIN DBAdminSB
```

② 执行后，提示"命令已成功完成"，展开"CourseDB"节点下的"安全性"节点后，再展开"用户"节点，就可以看到"李爱"用户已经被成功创建了。

练一练

为 CourseDB，创建一个数据库用户"张静"，并设置其关联的登录名为"DBAdminSD"，"DBAdminSD"为已经创建好的有效登录名。

7.3.3　维护数据库用户

1. 修改数据库用户

【子任务】　将用户"马可"对应的登录名改为"DBAdminSC"，并将用户名重命名为"马克","DBAdminSC"是已经创建好的有效登录名。

在 SSMS 模式下,不能直接修改用户的登录名,只能通过删除用户后,再通过重新创建用户和登录名关联的方式来修改数据库用户和登录名的映射关系。因此,使用 T-SQL 语句修改数据库用户属性就显得非常方便。

具体步骤如下。

① 使用 T-SQL 语句修改数据库用户属性的语句为:

```
ALTER USER 马可 WITH LOGIN=DBAdminSC , NAME=马克
```

② 执行后,提示"命令已成功完成",展开"CourseDB"节点下的"安全性"节点后,再展开"用户"节点,就可以看到"马克"用户名已经成功修改。

③ 右击用户名"马克",选择"属性"命令,在弹出的"数据库用户-马克"对话框中,单击左侧选择页的"常规"项,在右侧窗口中可以发现用户"马克"和登录名"DBAdminSC"建立了关联。也可以在"对象资源管理器"中依次展开"安全性"节点→"登录名"节点,右击登录名"DBAdminSC",在弹出的快捷菜单中选择"属性"命令,在弹出的"登录属性-DBAdminSC"对话框中,选择左侧选择页的"用户映射"项,在右侧可以查看到映射到该登录名的用户为"马克",如图 7-11 所示。

图 7-11 "登录属性-DBAdminSC"对话框

练一练

将 CourseDB 的用户"张静"改名为"张金"。

思考:在用户"马克"已经关联了登录名 DBAdminSC 的情况下,是否可以将"张金"用户关联到登录名 DBAdminSC?为什么?

2. 删除数据库用户

【子任务】 删除 CourseDB 学生选课数据库中的数据库用户"李爱"。

具体步骤如下:

① 在 SSMS 的"对象资源管理器"窗口中，依次展开"CourseDB"数据库节点下的"安全性"→"用户"节点，右击用户"李爱"，在弹出的快捷菜单中选择"删除"命令。

② 在弹出的"删除对象"对话框中，单击"确定"按钮即可完成数据库用户的删除。

使用 T-SQL 语句删除数据库用户"李爱"，在"查询编辑器"中输入如下语句：

```
USE CourseDB
DROP  USER 李爱
```

执行上述语句后，即可删除 CourseDB 的数据库用户"李爱"。

7.3.4　任务训练与检查

1. 课堂训练

1）按照任务实施过程的要求完成各子任务并检查结果。

2）为 CourseDB 学生选课数据库创建用户"丁一"，并设置其关联的登录名分别为"DBAdminSS"，"DBAdminSS"为已经创建好的有效登录名。

3）将"丁一"用户对应的登录名改为"DBAdminSP"，并将用户名重新命名为"丁义"，"DBAdminSP"为已经创建好的有效登录名。

4）用 SMSS 方式为 BookDB 图书借阅数据库创建一个用户，用户名为"张亮"，与登录名"LXAdmin1"相关联，"LXAdmin1"为已经创建好的有效登录名。

5）将 BookDB 图书借阅数据库用户"张亮"的用户名改为"张靓"，与之关联的登录名改为"LXAdmin2"，"LXAdmin2"是已经创建好的有效登录名。

6）用 T-SQL 语句的方式为 BookDB 图书借阅数据库创建与登录名"DBAdminSC"关联的数据库用户"张立"。

7）用 T-SQL 语句的方式将用户"张立"的用户名重新命名为"张力"。

2. 检查与讨论

1）检查课堂实践的完成情况，提出问题并讨论。

2）基本知识（关键字）讨论：数据库用户。

3）总结并讨论 SQL Server 数据库用户的创建、修改和删除的方法。

任务 7.4　权限设置与角色管理

任务 7.4　工作任务单

工作任务	权限设置与角色管理	学时	4
所属模块	数据库安全与维护		
教学目标	知识目标：掌握用户权限的种类和数据库角色的作用； 技能目标：能够使用 SSMS 和 T-SQL 语句为数据库用户设置权限； 素质目标：培养发现问题、解决问题的能力		

	思政元素	严谨细心、信息安全意识
	工作重点	使用 T-SQL 语句设置数据库用户权限
	技能证书要求	《数据库系统工程师考试大纲》要求能实现数据库安全性和授权
	竞赛要求	能对数据库用户设置权限以实现数据库数据的访问安全
	使用软件	SQL Server 2019
	教学方法	教法：任务驱动法、项目教学法、情境教学法等； 学法：分组讨论法、线上线下混合学习法等
工作过程	一、课前任务	通过在线学习平台发布课前任务： ● 观看数据库权限设置与角色管理的微课视频； 二维码 7-4 ● 完成课前测试
	二、课堂任务	1．课程导入 2．明确学习任务 （1）主任务：为 CourseDB 数据库用户和数据库角色设置权限。 具体要求： 1）设置用户权限。为 CourseDB 学生选课数据库的用户设置对数据表的操作权限。 2）设置数据库角色的权限。为 CourseDB 学生选课数据库创建一个数据库角色，设置该数据库角色对数据表的操作权限。 3）管理数据库角色。利用数据库角色为数据库用户设置对数据表的操作权限，管理数据库角色对数据表的操作权限。 任务所涉及的知识点与技能点如图 7-12 所示。 （2）安全与规范教育 1）安全纪律教育。 2）注意事项。 3．任务前检测 4．任务实施 1）老师进行知识讲解，演示使用 SSMS 方式和 T-SQL 语句设置用户权限和进行数据库角色管理。 2）学生练习主任务，并完成任务训练与检查（见 7.4.4 小节）。 3）教师巡回指导，答疑解惑、总结。 5．任务展示 教师可以抽检、全检；学生把任务结果上传到学习平台；学生上台展示等。 6．任务评价 学生可以互评和自评，也可开展小组评价。

工作过程	二、课堂任务	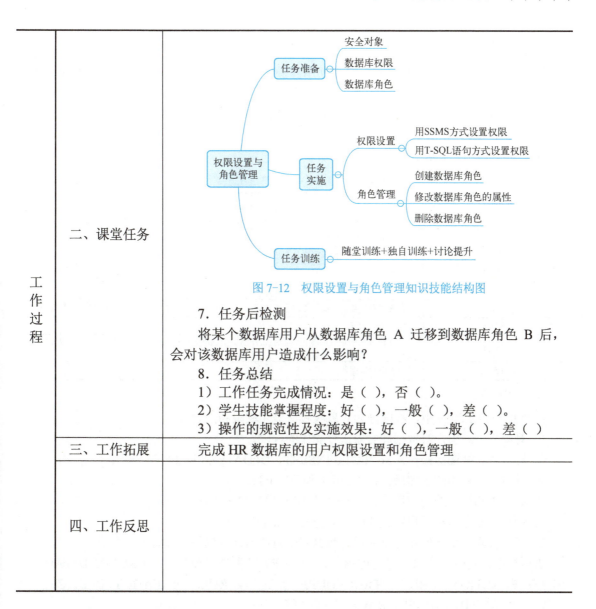 图 7-12　权限设置与角色管理知识技能结构图 7．任务后检测 将某个数据库用户从数据库角色 A 迁移到数据库角色 B 后，会对该数据库用户造成什么影响？ 8．任务总结 1）工作任务完成情况：是（　），否（　）。 2）学生技能掌握程度：好（　），一般（　），差（　）。 3）操作的规范性及实施效果：好（　），一般（　），差（　）
	三、工作拓展	完成 HR 数据库的用户权限设置和角色管理
	四、工作反思	

7.4.1　任务知识准备

1．安全对象

安全对象是指 SQL Server 2019 数据库引擎授权系统在服务器、数据库、数据库对象等 3 个不同层次可进行访问的资源，主要具体安全对象包括：

① 服务器级别上的安全对象包含服务器、数据库、登录名及服务器角色。
② 数据库级别上的安全对象包含数据库、数据库用户及数据库角色等。
③ 数据库对象级别上的安全对象包含表、视图、存储过程、约束、函数等。

SQL Server 2019 验证主体（哪些人）是否已获得适当的权限（哪些操作）来控制主体对安全对象执行的操作。

2. 数据库权限

权限是对资源访问的一种许可，是指使用和操作数据库对象的权利。权限设置是指数据库用户可以获得哪些数据库对象的使用权以及能够对这些对象执行何种操作，在 SQL Server 2019 中可以通过设置安全对象属性、设置角色权限等方法来实现权限的设置。

（1）常用权限

SQL Server 2019 中常用权限如表 7-1 所示。

表 7-1　SQL Server 2019 的常用权限

权限	描述
CONTROL	将类似所有权的能力授予被授予者。被授权者实际上对安全对象具有所定义的所有权限
TAKE OWNERSHIP	允许被授权者获取所授予的对安全对象的所有权
VIEW DEFINITION	允许定义视图。如果用户具有该权限，就可以利用表或函数定义视图
CREATE	允许创建对象
ALTER	允许更改对象
SELECT	允许"看"数据。如果用户具有该权限，就可以在授权的表或视图上运行 SELECT 语句
INSERT	允许插入新行
UPDATE	允许修改表中现有的数据，但不允许添加或删除表中的行。当用户在某一列上获得这个权限时，只能修改该列的数据
DELETE	允许删除数据行

（2）权限种类

在 SQL Server 2019 中，权限分为对象权限、语句权限和隐含权限。

1）对象权限。用户对数据库对象进行操作的权限。

① 针对表和视图的操作：SELECT、INSERT、UPDATE 和 DELETE 语句。

② 针对表和视图的行的操作：INSERT 和 DELETE 语句。

③ 针对表和视图的列的操作：INSERT、UPDATE 和 SELECT 语句。

④ 针对存储过程和用户定义的函数的操作：EXECUTE 语句。

2）语句权限。用于创建数据库或者数据库中对象所涉及的操作权限。

语句权限指是否允许执行特定的语句，如：CREATE DATABASE、CREATE DEFAULT、CREATE FUNCTION、CREATE PROCEDURE、CREATE RULE、CREATE TABLE、CREATE VIEW、BACKUP DATABASE、BACKUP LOG 等。

3）隐含权限。是指系统定义而不需要授权就有的权限，相当于一种内置权限。隐含权限是由系统预定义的固定成员或者数据库对象所拥有的权限，包括固定服务器角色成员、固定数据库角色成员和数据库对象所有者所拥有的权限。

（3）权限管理

可以用 SSMS 方式或 T-SQL 语句进行权限管理。用 T-SQL 语句进行权限管理时，可以分别使用 GRANT、REVOKE 和 DENY 语句来执行授予、撤销和拒绝权限。具体命令语法如下：

1）授予权限。使用 GRANT 语句进行授权活动，其语法为：

```
GRANT {ALL|statement[,…n]}
TO security_account[,…n]
```

其中：ALL 表示授予所有可以应用的权限；statement 表示可以授予权限的命令，如 CREATE DATABASE；security_account 定义授予权限的用户。

2）撤销权限。使用 REVOKE 语句撤销授予的权限，其语法为：

```
REVOKE {ALL|statement[,…n]}
FROM security_account[,…n]
```

3）拒绝权限。在授予了用户对象权限后，数据库管理员可以根据实际情况在不撤销用户访问权限的情况下，拒绝用户访问数据库对象。拒绝权限的语法为：

```
DENY {ALL|statement[,…n]}
TO security_account[,…n]
```

3. 数据库角色

SQL Server 2019 使用角色来集中管理数据库或服务器的权限，按照角色的使用范围，可以将角色分为两类：服务器角色和数据库角色。其中服务器角色是针对服务器级别的权限分配，数据库角色则是针对某个具体数据库的权限分配。数据库角色分为 3 种类型：固定数据库角色、用户自定义数据库角色和应用程序角色，本教材只涉及前两种。

（1）固定数据库角色

固定数据库角色是在数据库级别定义的系统用户组，并存在于每个数据库中，提供对数据库常用操作的权限，它本身不能被添加、修改和删除。在 SSMS 的"对象资源管理器"中，可以查看所有的固定数据库角色，固定数据库角色的功能见表 7-2 所示。

表 7-2 固定数据库角色及功能

固定数据库角色	功能
Db_accessadmin	该角色的成员有权通过添加或删除用户来指定谁可以访问数据库
Db_backupoperator	该数据库角色的成员可以备份数据库
Db_datareader	该数据库角色的成员可以读取所有用户表中的所有数据
Db_datawriter	该数据库角色的成员可以在所有用户表中添加、更改和删除数据
Db_ddladmin	该数据库角色的成员可以在数据库中运行任何数据定义语言（DDL）命令，允许创建、修改或删除数据库对象，而不必浏览里面的数据
Db_denydatareader	该数据库角色的成员不能读取数据库内用户表中的任何数据，但可以执行架构修改（如添加列）
Db_denydatawriter	该数据库角色的成员不能添加、修改或删除数据库内用户表中的任何数据
Db_owner	该数据库角色成员可以进行所有数据库角色的活动，以及数据库中其他的维护和配置活动；该角色的权限跨越所有其他固定数据库角色的权限
Db_securityadmin	该数据库角色的成员可以修改角色的成员身份和管理权限
Public	在 SQL Server 2019 中，每个数据库用户都属于 public 数据库角色。如果未向某个用户授予或者拒绝对安全对象的特定权限时，则该用户将继承性被授予该安全对象的 public 角色的权限

（2）自定义数据库角色

在某些情况下，对单个用户进行权限设置就能满足我们的需求。在某些大型的企业中，由于数据管理的需要，多个用户具备类似的权限，这种情况下，为每一个用户设置权限变得比较麻烦。这时，可以将多个用户指派到某个对应权限的数据库角色，使得被指派的用户具备数据库角色对应的权限。固定数据库角色的权限是固定的，有时，某些用户只能对数据库进行插入、更新和删除的权限，若固定的数据库角色中没有拥有这样权限的角色，则需要创建一个自定义的数据库角色。

7.4.2 权限设置

1. 用 SSMS 方式设置权限

【子任务】 在 SSMS 方式下给 CourseDB 学生选课数据库的用户"李爱"授予对"Course"表的"插入""更新""删除"和"选择"权限。

用 SSMS 方式设置用户对表的权限有两种方式：一种通过设置表属性中的"权限"选项来设置该用户对该表的权限，另一种是通过设置用户属性中的"安全对象"选项来设置该用户对于表的权限。

通过设置表属性中的"权限"选项来设置该用户权限的具体步骤如下：

1）打开表属性窗口。以系统管理员身份连接 SQL Server 服务器，在 SSMS 的"对象资源管理器"窗口中，依次展开"服务器"→"数据库"→"CourseDB"节点。在表"Course"上右击，在弹出的快捷菜单中选择"属性"命令。

2）选择权限对象。在"表属性-Course"对话框中，在左侧的选择页中选择"权限"项，在右侧窗口的"用户或角色"栏，单击"搜索"按钮，打开"选择用户或角色"对话框，单击"对象类型"按钮，打开"选择对象类型"对话框，对象类型选择"用户"。

3）查找用户。单击"确定"按钮，返回"选择用户或角色"对话框，单击"浏览"按钮，在打开的"查找对象"对话框中，选中"李爱"用户对应的复选框。

4）设置用户权限。单击"确定"按钮后，返回到"表属性-Course"对话框，在右侧"用户和数据库角色"列表中，选择"李爱"，在下方"李爱的权限"列表框中依次选中"插入""更新""删除"和"选择"权限对应的复选框，单击"确定"按钮，如图 7-13 所示。

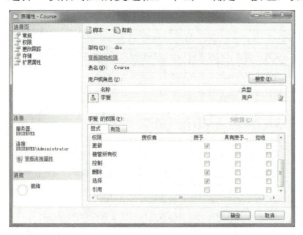

图 7-13 设置"李爱"对 Course 表的权限

> 提示：如果针对数据库设置用户的操作权限，只需在对应数据库的属性窗口中，选中左侧"选择页"的"权限"项，参照上述步骤设置即可。

通过设置用户属性中的"安全对象"选项来设置该用户权限的具体步骤如下：

1）打开数据库用户属性窗口。在"对象资源管理器"中，依次展开"服务器"→"数据库"→"CourseDB"→"安全性"→"用户"节点，在"李爱"用户名上右击，在弹出的选项中选择"属性"后即可打开"数据库用户-李爱"窗口。

2）添加对象。选择左侧"选择页"列表中的"安全对象"项，在"安全对象"选择页中单击"搜索"按钮，打开"添加对象"对话框。

3）设置安全对象为表。在"添加对象"对话框中，选中"特定对象"，单击"确定"按钮，打开"选择对象"对话框，单击"对象类型"按钮，打开"选择对象类型"对话框，选中"表"复选框，单击"确定"按钮。

4）选中"Course"表。在"选择对象"对话框中，单击"浏览"按钮，打开"查找对象"

对话框，勾选"匹配的对象(M)"列表框中"Course"表对应的复选框，单击"确定"按钮，返回"选择对象"对话框。

5）设置用户权限。单击"确定"按钮，返回"数据库角色-李爱"对话框，选中"安全对象"列表框中的"Course"表，在"dbo.Course 的权限"列表框中选中"插入""更新""删除"和"选择"权限对应的复选框。

 提示：在"表属性"对话框中设置某个用户对表的权限，勾选"查询"权限时，"列权限"按钮处于点亮状态，单击"列选项"按钮，在弹出的"列权限"对话框中，选中列的"拒绝"复选框和其他列的"授予"复选框，可以设置用户对于表的部分字段的选择权限。

6）验证权限。使用 CourseDB 数据库用户"李爱"对应的"DBAdminSB"登录名连接到数据库服务器，新建查询窗口，使用"USE CourseDB"命令打开数据库后，执行下面查询语句：

```
SELECT * from Course
SELECT * from Student
```

第一条语句可以正确执行，但是第二条语句执行时出错，提示"拒绝了对对象 'Student' (数据库 'CourseDB'，架构 'dbo')的 SELECT 权限"，这个结果是因为我们为用户"李爱"设置了只对"Course"表的部分操作权限，而对"Student"表没有操作权限。

思考：使用新的登录名连接服务器后为什么要新建查询窗口？如果之前管理员状态连接服务器时的查询窗口没有关闭，在原来的查询窗口中可以验证数据库角色权限吗？为什么？

2. 用 T-SQL 语句设置权限

【子任务】 根据要求使用 T-SQL 语句方式，设置用户权限。

① 授予用户"李爱"对"Study"表的"插入""更新""删除"和"选择"权限，语句如下：

```
GRANT SELECT,INSERT,UPDATE,DELETE ON Study TO 李爱
```

② 拒绝用户"马克"对 Study 表的"插入""更新"和"删除"权限，语句如下：

```
DENY INSERT,UPDATE,DELETE ON Study TO 马克
```

 提示：如果使用 DENY 语句禁止了用户的某个权限，即使该用户所属的角色或组拥有该权限，该用户依然不能访问这个权限。

③ 撤销用户"李爱"对"Study"表的"删除"权限，语句如下：

```
REVOKE DELETE ON Study From 李爱
```

练一练

在 CourseDB 学生选课数据库中，为数据库用户"张静"设置权限，使其具备对表"Course"的"选择"和"删除"权限，拒绝"张静"对表"Course"的"插入""更新"和"删除"权限，并进行验证。

7.4.3 角色管理

1. 创建数据库角色

【子任务】 为 CourseDB 学生选课数据库创建一个专门进行学生信息管理的教师角色"SDataMGR"，该数据库角色具有对 Student 表的"插入""更新""删除"和"查询"权限。数

据库用户"马克"和"李爱"属于该数据库角色。

具体步骤如下:

① 以系统管理员身份连接 SQL Server 服务器,打开 SSMS,在"对象资源管理器"窗口中,依次展开"数据库"→"CourseDB"→"安全性"→"角色"节点。右击"角色"节点下的"数据库角色"节点,在弹出的快捷菜单中依次选择"新建"→"新建数据库角色"命令。

② 打开"数据库角色-新建"对话框。设置"角色名称"为"SDataMGR","所有者"为"dbo",单击"确定"按钮,完成数据库角色的创建。

③ 使用 T-SQL 语句为数据库角色授予权限:

```
GRANT SELECT,INSERT,UPDATE,DELETE ON Student TO SDataMGR
```

④ 添加数据库用户。在数据库角色"SDataMGR"上右击,在弹出的快捷菜单上选择"属性",打开"数据库角色属性-SDataMGR"对话框,单击右下角的"添加"按钮,打开"选择数据库用户或角色"对话框,单击"对象类型"按钮,在弹出的"选择对象类型"对话框中选择"用户",单击"确定"按钮,返回"选择数据库用户或角色"对话框;单击"浏览"按钮,在弹出的"查找对象"对话框中,选择"马克"和"李爱",单击"确定"按钮,返回"选择数据库用户或角色"对话框;单击"确定"按钮,返回"数据库角色属性-SDataMGR"对话框,单击"确定"按钮,完成为用户"马克"和"李爱"分配数据库角色。

提示:数据库角色成员也可以在新建数据库角色时完成添加,数据库角色对应的权限也可以在数据库角色创建时进行设置。

思考:之前为用户"李爱"设置了对"Course"和"Study"表的权限,再将用户"李爱"设置为"SDataMGR"数据库角色成员,而数据库角色"SDataMGR"只对 Student 拥有操作权限,那么用户"李爱"最终的权限是什么?

除了用 SSMS 方式自定义数据库角色外,也可以使用 T-SQL 语句方式来创建自定义的数据库角色,语法格式为:

```
CREATE ROLE 角色名 [AUTHORIZATION 所有者名]
```

说明:"角色名"为要创建的数据库角色的名称。"AUTHORIZATION 所有者名"用于指定新的数据库角色的所有者,如果未指定,则执行 CREATE ROLE 命令的用户将拥有该角色。

使用 T-SQL 语句方式为数据库角色添加用户,语法格式为:

```
EXEC sp_addrolemember 角色名 A,角色名 B|用户名
```

说明:"角色名 A"是目标数据库角色,加入数据库角色的可以是用户也可以是其他的数据库角色。

使用 T-SQL 语句方式为 CourseDB 创建一个自定义的数据库角色"DataMGR",语句如下:

```
USE CourseDB
CREATE ROLE DataMGR AUTHORIZATION dbo
```

使用 T-SQL 语句方式将 CourseDB 数据库用户"李爱"归为"DataMGR"数据库角色的成员,语句如下:

```
USE CourseDB
EXEC sp_addrolemember 'DataMGR','李爱'
```

2. 修改数据库角色的属性

【子任务】 将"SDataMGR"数据库角色的名字修改为"StMGR"。

具体步骤如下：

1）查找数据库角色。在"对象资源管理器"中，依次展开"数据库"→"CourseDB"→"安全性"→"角色"→"数据库角色"节点，找到"SDataMGR"数据库角色。

2）重命名数据库角色。在"SDataMGR"上右击，在弹出的快捷菜单中选择"重命名"选项。"SDataMGR"变为可编辑状态，修改为"StMGR"。

也可以使用 T-SQL 语句完成，修改数据库角色属性的 T-SQL 命令和修改数据库用户属性的 T-SQL 命令类似，T-SQL 语句如下：

```
USE CourseDB
ALTER ROLE SDataMGR WITH NAME=StMGR
```

3. 删除数据库角色

【子任务】 删除 CourseDB 学生选课数据库中的数据库角色"StMGR"。

具体步骤如下：

① 在 SSMS 的"对象资源管理器"窗口中，依次展开"数据库"→"CourseDB"→"安全性"→"角色"→"数据库角色"节点，在角色"StMGR"上右击，选择"删除"。

② 在弹出的"删除对象"对话框中单击"确定"按钮即可删除数据库角色。

也可使用 T-SQL 语句删除数据库角色，在"查询编辑器"中输入如下语句：

```
USE CourseDB
DROP ROLE StMGR
```

执行上述语句后，即可删除 CourseDB 数据库角色"StMGR"。

思考： 删除了数据库角色后，原来数据库角色中的成员还具备从被删除数据库角色中继承来的权限吗？

练一练

1）在 CourseDB 中，自定义一个选课管理教师角色"StudyMGR"，使该数据库角色拥有对"Study"表的"插入""选择""更新"和"删除"权限。

2）使用户"张静"成为"StudyMGR"角色的成员。

3）使用 T-SQL 语句将"StudyMGR"数据库角色的名字改为"StudyDataMGR"。

7.4.4 任务训练与检查

1. 课堂训练

1）按照任务实施过程的要求完成各子任务并检查结果。

2）在 CourseDB 学生选课数据库中，设置用户"马克"和"李爱"对"Student"表的权限为"选择"，拒绝用户"马克"对"Student"表的"插入""更新"和"删除"权限。

3）在 CourseDB 学生选课数据库中，自定义数据库角色"StuMGR"，设置"StuMGR"对 Student 表的权限为"插入""更新""删除"和"查询"，并具有对应的授予权限。将"李爱"设置成为"StuMGR"数据库角色的成员。

4）使用 T-SQL 语句为 BookDB 图书借阅数据库创建自定义角色"BookMGR"，将 BookDB 的用户"张力"和"张靓"设置为"BookMGR"数据库角色的成员。

5）使用 T-SQL 语句，授予数据库角色"BookMGR"对"Book"和"Borrow"表的"查

询""插入""更新"和"删除"权限。

6）使用 T-SQL 语句方式，拒绝用户"张力"对"Borrow"表的"插入""更新"和"删除"权限。

7）使用 T-SQL 语句，撤回数据库角色"BookMGR"对"Borrow"表的"插入""更新"和"删除"权限。

2. 检查与讨论

1）检查课堂实践的完成情况，提出问题并讨论。
2）基本知识（关键字）讨论：数据库角色、权限的授予、撤销与拒绝。
3）总结并讨论如何通过自定义数据库角色的方式批量为用户设置权限的方法。

任务 7.5　数据库备份与还原

任务 7.5　工作任务单

工作任务	数据库备份与还原	学时	4
所属模块	数据库安全与维护		
教学目标	知识目标：掌握数据库备份类型和恢复模式； 技能目标：能够使用 SSMS 方式和 T-SQL 语句对数据库进行备份和恢复； 素质目标：培养分析问题解决问题的能力和责任意识		
思政元素	严谨细心、责任意识		
工作重点	使用 T-SQL 语句完成数据库的备份和还原		
技能证书要求	《数据库系统工程师考试大纲》要求掌握数据库备份与恢复技术		
竞赛要求	做好数据库的备份与还原工作以保障数据库数据的安全		
使用软件	SQL Server 2019		
教学方法	教法：任务驱动法、项目教学法、情境教学法等； 学法：分组讨论法、线上线下混合学习法等		
工作过程	一、课前任务	通过在线学习平台发布课前任务： ● 观看数据库备份与还原的微课视频； 二维码 7-5 ● 完成课前测试	
	二、课堂任务	1. 课程导入 2. 明确学习任务 (1) 主任务——对 CourseDB 数据库进行备份与还原。 具体要求：	

工作过程	二、课堂任务	1）数据库备份。对CourseDB学生选课数据库进行完整备份和差异备份。 2）事务日志备份。创建CourseDB学生选课数据库事务日志的备份。 3）数据库还原。使用数据备份对CourseDB学生选课数据库进行还原，实现数据库的完全还原和时点还原。 任务所涉及的知识点与技能点如图7-14所示。 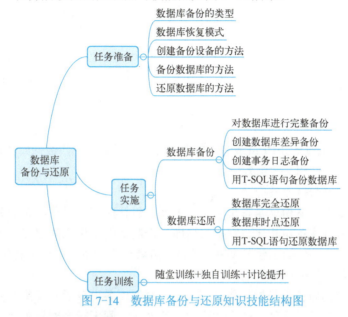 图7-14　数据库备份与还原知识技能结构图 （2）安全与规范教育 1）安全纪律教育。 2）注意事项。 3．任务前检测 数据库的备份类型有哪几种？ 4．任务实施 1）老师进行知识讲解，演示数据库的备份和还原。 2）学生练习主任务，并完成任务训练与检查（见7.5.4小节）。 3）教师巡回指导，答疑解惑、总结。 5．任务展示 教师可以抽检、全检；学生把任务结果上传到学习平台；学生上台展示等。 6．任务评价 学生可以互评和自评，也可开展小组评价。 7．任务后检测 在备份数据库的时候如何选择数据库的备份类型？ 8．任务总结 1）工作任务完成情况：是（　），否（　）。 2）学生技能掌握程度：好（　），一般（　），差（　）。 3）操作的规范性及实施效果：好（　），一般（　），差（　）
	三、工作拓展	完成HR数据库的备份和恢复

工作过程	四、工作反思	

7.5.1 任务知识准备

为了保证在数据丢失或被破坏时可以最大限度地挽救数据，用户必须定期对数据库进行备份。当需要时，可以从数据库备份中将数据库恢复到原来的状态。数据库备份也可以用作副本或服务器间移库使用。

1. 数据库备份的类型

在 SQL Server 2019 系统中，提供 4 种备份类型：完整数据库备份、差异数据库备份、事务日志备份、文件和文件组备份。

（1）完整数据库备份

完整数据库备份就是备份整个数据库，包括所有的对象、系统表以及数据。与事务日志备份和差异数据库备份相比，完整数据库备份需要的备份空间更多。一般情况下完整数据库备份用作对可快速备份的小数据库进行备份，或者作为大型数据库的初始备份。

（2）差异数据库备份

差异数据库备份是指从最近一次完全数据库备份以后对发生改变的数据进行备份。如果在完整数据库备份后将某一个文件添加到数据库，则下一个差异备份会包括该新文件。差异数据库备份比完整数据库备份小而且备份速度快，因此可以经常备份，经常备份可以减少丢失数据的危险。

（3）事务日志备份

事务日志备份是备份上一次日志备份之后的日志记录。可以利用事务日志备份将数据库还原到特定的即时点或还原到故障点。

（4）文件和文件组备份

当一个数据库很大时，对整个数据库进行备份可能需要很多时间，这时可以采用文件和文件组备份，即对数据库中的部分文件或者文件组进行备份。

2. 数据库恢复模式

数据库的恢复模式是数据库遭到破坏时还原数据库中数据的数据存储方式，每一种恢复模式按照不同的方式维护数据库的数据和日志。SQL Server 2019 数据库恢复模式分为 3 种：完整恢复模式、大容量日志恢复模式、简单恢复模式。

（1）完整恢复模式

为默认恢复模式。它会完整记录下操作数据库的每一个步骤。使用完整恢复模式可以将整个数据库还原到一个特定的时间点，这个时间点可以是最近一次可用的备份、一个特定的日期和时间、标记的事务。

（2）大容量日志恢复模式

在该模式下，对大容量操作（如导入数据、批量更新、SELECT INTO 等操作时）进行最少的日志记录，节省日志文件的空间。例如，在为数据库插入数十万条记录时，在完整恢复模式下，每一个插入记录的动作都会记录在日志中，使日志文件变得非常大，而在大容量日志恢复模式下，只记录必要的操作，不记录所有日志。因此，一般只有在需要进行大量数据操作时才将恢复模式改为大容量日志恢复模式，数据处理完毕之后，马上将恢复模式改回完整恢复模式。

（3）简单恢复模式

在该模式下，数据库会自动把不活动的日志删除，因此简化了备份的还原，但因为没有全部的事务日志备份，所以不能还原到某个时间点。通常，此模式只用于对安全要求不太高的数据库，并且在该模式下，数据库只能做完整和差异备份。

3. 创建备份设备的方法

常见的备份设备有 3 种类型：磁盘备份设备、磁带备份设备和逻辑备份设备。

备份设备可以用 SSMS 方式或 T-SQL 语句创建。用 T-SQL 语句创建，通过执行系统存储过程语句 SP_ADDUMPDEVICE 来添加备份设备，这个存储过程可以添加磁盘和磁带设备。基本语法格式如下：

EXEC SP_ADDUMPDEVICE　'device_type' , 'logical_name' , 'physical_name'

参数说明如下：

- 'device_type' 该参数指备份设备的类型，可以是 disk、tape 或 pipe。disk 用于指硬盘文件作为备份设备；tape 用于指磁带设备；pipe 用于指使用命名管道备份设备。
- 'logical_name' 该参数指备份设备的逻辑名称。logical_name 不能为 NULL。
- 'physical_name' 该参数指备份设备的物理名称。物理名称必须遵从操作系统文件名规则或者网络设备的通用命名约定，并且必须包含完整路径。physical_name 不能为 NULL。

4. 备份数据库的方法

可以用 SSMS 方式或 T-SQL 语句来备份数据库。用 T-SQL 语句，使用 BACKUP DATABASE 语句来备份数据库，基本语句格式如下。

备份数据库到备份设备：

```
BACKUP DATABASE 数据库名 TO 备份设备[,…n]
    [ WITH  [DIFFERENTIAL]
        [ [ , ] { INIT | NOINIT } ]
        [ [ , ] NAME = { backup_set_name | @backup_set_name_var } ]
        [ [ , ] DESCRIPTION = { 'text' | @text_variable } ]
    ]
```

主要参数说明如下：

DIFFERENTIAL 用于表示备份类型为差异备份。

INIT 用于指定覆盖所有的备份集。

NOINIT 用于表示备份集将追加到指定的媒体集上，以保留现有的备份集。该项为默认设置。

Name 用于指定备份集的名称。如果未指定 NAME，备份集名称为空。

DESCRIPTION 用于指定备份集的说明文本。

5. 还原数据库的方法

可以用 SSMS 方式或 T-SQL 语句来还原数据库。用 T-SQL 语句时，可使用 RESTORE DATABASE 语句来还原数据库，基本语句格式如下：

```
RESTORE DATABASE 数据库名
    [FROM 备份设备[ ,...n ] ]
    [ WITH { [ RECOVERY | NORECOVERY
        | STANDBY ={standby_file_name | @standby_file_name_var } ]
        ,...
        } [ ,...n ]
    ]
```

主要参数说明如下：

- RECOVERY 用于指示还原操作回滚任何未提交的事务。在还原进程后即可随时使用数据库。如果既没有指定 NORECOVERY 和 RECOVERY，也没有指定 STANDBY，则默认为 RECOVERY。
- NORECOVERY 用于指示还原操作不回滚任何未提交的事务。如果稍后必须应用另一个事务日志，则应指定 NORECOVERY 或 STANDBY 选项。使用 NORECOVERY 选项执行脱机还原操作时，数据库将无法使用。
- STANDBY=standby_file_name 用于指定一个允许撤销还原效果的备用文件。STANDBY 选项可以用于脱机还原（包括部分还原），但不能用于联机还原。

7.5.2 数据库备份

1. 创建数据库完整备份

【子任务】 创建 CourseDB 学生选课数据库的完整备份。

用 SSMS 方式具体步骤如下：

1）创建数据库备份设备。在"对象资源管理器"中，展开"服务器对象"节点，右击"备份设备"节点，在弹出的选项中选择"新建备份设备"即可打开"备份设备"窗口。在"设备名称"文本框中输入"BK_CourseDB"，并选择文件路径为"D:\DBbackup"（需要事先在计算机的 D 盘上创建 DBbackup 文件夹），文件名为"BK_CourseDB.bak"，如图 7-15 所示。

图 7-15 新建备份设备

2）进行完整备份。在"对象资源管理器"中，右击"CourseDB"数据库，在弹出的快捷菜单中依次选择"任务"→"备份"命令，打开"备份数据库-CourseDB"对话框。选择"备份类型"为"完整"，"备份组件"为"数据库"，在"目标"栏目中删除系统自定的备份目标。单击"添加"按钮，选择备份目标为备份设备"BK_CourseDB"，如图 7-16 所示。在"选择备份目标"对话框上单击"确定"按钮后回到"备份数据库-CourseDB"对话框，如图 7-17 所示。

单击对话框左侧选择页"选项"项，对备份选项进行设置，如图 7-18 所示。选中"覆盖所有现有备份集"单选按钮,这样系统创建备份时将初始化备份设备并覆盖原有备份内容。然后勾选"完成后验证备份"复选框,可以在备份完成后与当前数据库进行比对。

图 7-16　选择备份目标　　　　　　　　　图 7-17　备份数据库

单击"确定"按钮后,即开始进行数据库备份,备份完成后将会弹出备份成功完成的提示,如图 7-19 所示。

图 7-18　设置备份选项　　　　　　　　　图 7-19　"备份成功完成"提示

 提示:当数据量十分庞大时,执行一次完整备份需要耗费非常多的时间和存储空间,因此不建议频繁的进行完整备份。当数据库从上次完整备份起只修改了较少量的数据时,可以采用差异备份来对数据库进行备份。

思考:在图 7-17 的数据库备份中有一个"仅复制备份"的选项,试采用这种方式进行备份,并比较和完整备份有什么区别。

2. 创建数据库差异备份

【**子任务**】 创建 CourseDB 学生选课数据库的差异备份。

差异备份只记录自上次完整备份后更改过的数据。差异备份比完整备份小而且备份速度快,便于经常备份,以降低丢失数据的风险。在上个子任务中已经为 CourseDB 数据库创建了完整备份,为了体现差异,使用 T-SQL 语句为学生表 Student 中增加一条学生记录,语句如下:

```
INSERT INTO Student
values('18051313','王玲','应用电子技术','男','2001-04-03',31,'NULL')
```

成功执行 T-SQL 语句，为 Student 表格添加了一行新的学生记录。

用 SSMS 方式创建差异备份的具体步骤如下：

① 在"对象资源管理器"窗口中展开"数据库"节点，右击"CourseDB"节点，从弹出的快捷菜单中依次选择"任务"→"备份"命令，打开"备份数据库-CourseDB"对话框。

② 选择"常规"选择页，在"数据库"下拉列表中选择"CourseDB"数据库选项，在"备份类型"下拉列表中选择"差异"选项，在"备份组件"区域选中"数据库"单选项，在备份的"目标"区域，指定备份到备份设备"BK_CourseDB"，如图 7-20 所示。单击"确定"按钮，执行备份数据库的操作。

说明：差异备份文件比完整备份文件小，因为它仅备份自上次完整备份后更改过的数据。

练一练

在 CourseDB 中，为课程表 Course 添加一条记录，然后完成 CourseDB 的差异备份。

3．创建数据库事务日志备份

【子任务】 创建 CourseDB 学生选课数据库的事务日志备份。

用 SSMS 方式的具体步骤如下：

① 在"对象资源管理器"窗口中展开服务器→"数据库"节点，右击"CourseDB"节点，在弹出的快捷菜单中依次选择"任务"→"备份"命令，打开"备份数据库-CourseDB"对话框。

② 选择"常规"选择页，在"数据库"下拉列表中选择"CourseDB"选项，在"备份类型"下拉列表中选择"事务日志"选项，在"备份组件"区域选中"数据库"单选项，在"目标"区域系统已经自动选中前面创建的备份设备，其他参数保持不变，如图 7-21 所示。

提示：如果在选择"备份类型"时无法看到"事务日志"选项，表示当前数据库的恢复模式不是完整恢复模式，需要进行设置。右击数据库"CourseDB"节点，从弹出的快捷菜单中选择"属性"，在"数据库属性-CourseDB"对话框左侧选择页中选择"选项"，在右侧窗口中设置数据库的"恢复模式"为"完整"。设置完毕后，进行数据库备份时，备份类型中就会出现"事务日志"类型。

图 7-20 数据库差异备份设置　　　　　　　图 7-21 数据库事务日志备份设置

③ 切换到"选项"选择页，选中"追加到现有备份集"单选项，这样可以避免覆盖前面创建的完整备份，选中"完成后验证备份"复选框，单击"确定"按钮，系统开始进行事务日志备份。

④ 查看备份。展开"服务器对象"→"备份设备"节点，右击"BK_CourseDB"节点，在弹出的快捷菜单中选择"属性"命令，打开"备份设备-BK_CourseDB"对话框，打开"介质内容"选择页，在"备份集"区域显示了备份的信息，如图 7-22 所示。

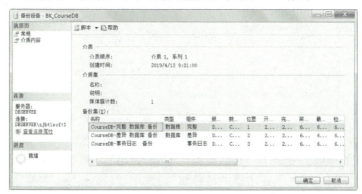

图 7-22 备份设备"BK_CourseDB"介质内容

4. 用 T-SQL 语句实现数据库备份

【子任务】 把 CourseDB 学生选课数据库完整备份到备份设备"BK_CourseDB_New"，备份设备 BK_CourseDB_New 的路径为 D:\DBbackupNew，覆盖现有的备份集。

具体步骤如下：

（1）创建备份设备 BK_CourseDB_New

T-SQL 命令如下：

```
    EXEC sp_addumpdevice 'disk',' BK_CourseDB_New',' D:\DBbackupNew\BK_CourseDB_New.bak'
```

执行命令，成功创建备份设备。

（2）把 CourseDB 学生选课数据库完整备份到备份设备

T-SQL 命令如下：

```
    BACKUP DATABASE CourseDB. TO BK_CourseDB_New
    WITH INIT,
    NAME='CourseDB 数据库完整备份',
    DESCRIPTION='该文件为 CourseDB 的完整备份'
```

命令执行成功，如图 7-23 所示。

图 7-23 T-SQL 数据备份命令执行结果

7.5.3 数据库还原

1. 数据库完全还原

【子任务】 使用备份设备 BK_CourseDB 中的完整数据备份对 CourseDB 学生选课数据库进行还原，将数据库还原至添加"王玲"学生记录前的状态。

用 SSMS 方式的具体步骤如下：

① 打开还原数据库窗口。在"对象资源管理器"窗口中，右击"数据库"节点，在弹出的选项中选择"还原数据库"即可打开"还原数据库-"对话框。

② 还原数据库。在"还原数据库-"对话框中，在"源"中选择"设备"，单击后面的"浏览"按钮来打开"选择备份设备"对话框，然后选择"备份设备"选项，并添加"BK_CourseDB"备份介质，单击"确定"按钮完成备份设备的选择，如图 7-24 所示。

图 7-24 指定还原备份介质

这时，对话框的标题栏变成了"还原数据库-CourseDB"，在"目标"中的"数据库(B)"文本框内输入"CourseDB"。在"要还原的备份集"，选中"CourseDB-完整 数据库 备份"前的复选框，如图 7-25 所示。

在左侧选择页中单击"选项"，在右侧的窗口中，勾选还原选项的"覆盖现有数据库(WITH REPLACE)"复选框，勾选服务器连接的"关闭到目标数据库的现有连接"复选框，单击"确定"按钮，即可开始进行数据库还原，还原完成后将会弹出如图 7-26 所示的提示框。这时，查看 Student 表的内容，就能看到数据还原到了添加"王玲"学生记录前的状态。

> 提示：还原数据前，应当断开准备还原的数据库的连接，否则不能启动还原进程。因此，勾选了"关闭到目标数据库的现有连接"复选框，如果数据库被误删了，或者处于未连接状态，可以直接还原，而不需要勾选"关闭到目标数据库的现有连接"复选框。

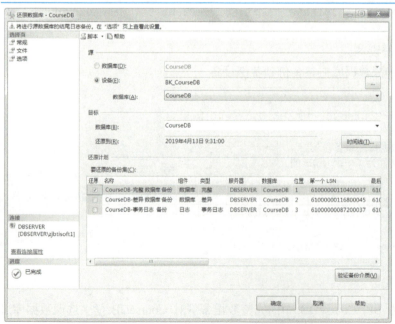

图 7-25 "还原数据库-CourseDB"对话框　　　　　　图 7-26 数据库还原完成

2. 数据库时点还原

【子任务】 把 CourseDB 学生选课数据库还原至添加"王玲"学生记录后的某个时点，例如，在 2019 年 4 月 13 日的 10 时 41 分执行了添加"王玲"学生记录后的差异备份，其后执行了事务日志备份，那么可以把数据库还原至 2019 年 4 月 13 日的 10 时 50 分的状态。

用 SSMS 方式的具体步骤如下：

① 打开还原数据库窗口。在"对象资源管理器"窗口中，右击"数据库"节点，在弹出的选项中选择"还原数据库"即可打开"还原数据库-"对话框。

② 还原数据库。参照上述完全还原的设置，选中"源"中的"设备"，并将设备设置为"BK_CourseDB"，这时，还原数据库对话框的标题变成"还原数据库-CourseDB"。

在"目标"中的"数据库"文本框内输入还原后的数据库名"CourseDB"。

在"要还原的备份集"下选中 CourseDB 数据库完整备份、差异备份和事务日志备份前的复选框，如图 7-27 所示。

图 7-27 "还原数据库-CourseDB"对话框

然后单击"时间线"按钮，弹出"备份时间线：CourseDB"对话框，在"还原到"选项组中选择"特定日期和时间"单选钮，然后把还原时间设置为"10:50:00"，如图 7-28 所示，单击"确定"按钮回到"还原数据库-CourseDB"对话框。

在左侧选择页中选中"选项"项，在右侧的窗口中，勾选还原选项的"覆盖现有数据库(WITH REPLACE)"复选框，勾选"关闭到目标数据库的现有连接"复选框，单击"确定"按钮，即可开始进行数据库还原，还原完成后将会弹出成功还原数据库的提示框。这时，查看 Student 表的内容，就能看到数据还原到了添加"王玲"学生记录后的状态。

提示：时点还原，数据库最晚只能还原到上次执行事务日志备份的时间之前的状态，还原时间点不能晚于上次执行事务日志备份的时间。

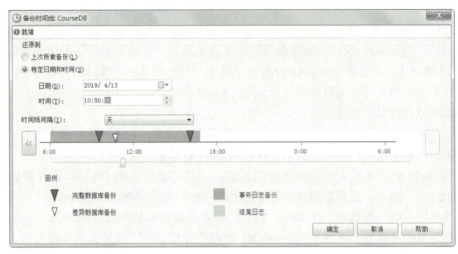

图 7-28 还原数据库时间点设置

3. 用 T-SQL 语句还原数据库

【子任务】 使用 T-SQL 语句执行备份介质 BK_CourseDB 中的差异备份。

其语句如下：

```
USE master
GO
RESTORE DATABASE CourseDB. FROM BK_CourseDB
WITH FILE=1, NORECOVERY, REPLACE
GO                          --以上语句执行完整备份的还原
RESTORE DATABASE CourseDB. FROM BK_CourseDB
WITH FILE=2
GO                          --以上语句执行差异备份的还原
```

该语句执行结果如图 7-29 所示：

> 提示：还原差异备份时，必须先还原完整备份，再还原差异备份。完整备份和差异备份可能在同一个备份设备中，也可能不在同一个备份设备中。如果在同一个备份设备中，应使用 file 参数指定备份集。无论备份集是否在同一个备份设备中，除了最后一个还原操作，其他所有还原操作都必须加上 NORECOVERY 或者 STANDBY 参数。

在图 7-22 中可以看到，CourseDB 数据库的完整备份在 BK_CourseDB 备份设备中，是第一个文件，差异备份是第二个文件，事务日志文件对应的是第三个文件。因此在执行差异备份时，我们使用了"FILE=1"和"FILE=2"来进行完整备份还原和差异备份还原。

如果因为有其他数据库链接存在，语句不能执行，可以分离数据库或者在数据库 CourseDB 的属性中，设置"选项"对应的限制访问为"SINGLE_USER"，设置数据库"CourseDB"为单用户状态，如图 7-30 所示，再尝试执行还原命令。

7.5.4 任务训练与检查

1. 课堂训练

1）按照任务实施过程的要求完成各子任务并检查结果。

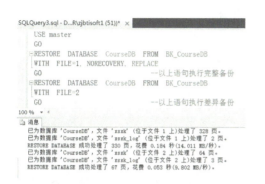

图 7-29 T-SQL 还原数据库　　　图 7-30 设置数据库"CourseDB"为单用户状态

2）创建逻辑名称为 DBbak01 的备份设备，对应的物理文件存放在系统默认路径中。

3）对 BookDB 图书借阅数据库进行一次完整备份，备份到备份设备 DBbak01 中。

4）修改 Reader 表中的一行记录，然后对 BookDB 图书借阅数据库进行一次差异备份，备份到备份设备 DBbak01 中。

5）创建逻辑名称为 DBbak02 的备份设备，对应的物理文件存放在 C:\bak 路径中。

6）对 BookDB 进行一次事务日志备份，备份到备份设备 DBbak02 中。

7）使用 T-SQL 语句对 BookDB 图书借阅数据库进行一次完整备份，备份到文件"C:\bak\DBbak03.bak"中。

8）先删除 CourseDB 学生选课数据库中的借阅表 Borrow，然后利用训练 3）的完整备份"DBbak01"还原数据库到第一次做完整备份时的数据状态。

9）利用训练 3）的备份"DBbak01"和训练 6）的备份"DBbak02"实现数据库的时点还原。

2．检查与讨论

1）检查课堂实践的完成情况，提出问题并讨论。

2）基本知识（关键字）讨论：数据库的备份类型、数据库恢复模式。

3）总结完整备份和差异备份各自的特点和适用的场合，讨论采用怎样的备份措施才能尽可能维护数据库的完整性。

小结

1．数据库安全设置：身份验证模式设置、登录名管理、数据库用户管理、权限设置、角色管理。
2．数据库备份：完整数据备份、差异数据备份、事务日志备份、用 T-SQL 语句备份。
3．数据库还原：数据库完全还原、数据库时点还原、用 T-SQL 语句还原。

课外作业

一、选择题

1．下列不是混合身份验证模式的优点的是（　　）。

  A．创建了 Windows 操作系统上的另外一个安全层次

  B．支持更大范围的用户

  C．一个应用程序可以使用多个 SQL Server 登录口令

  D．一个应用程序只能使用一个 SQL Server 登录口令

2．如果要对所有的登录名进行数据库访问控制，可采用的方法是（ ）。

  A．在数据库中增加 guest 用户，并对其进行权限设置

  B．为每个登录名指定一个用户，并对其进行权限设置

  C．为每个登录名设置权限

  D．为每个登录名指定一个用户，为用户指定同一个角色，并对角色进行权限设置

3．服务器角色中，权限最高的是（ ）。

  A．processadmin B．securityadmin C．dbcreator D．sysadmin

4．具有最高操作权限的数据库角色是（ ）。

  A．db_securityadmin B．ddladmin C．publiC． D．db_owner

5．最消耗系统资源的备份方式是（ ）。

  A．完整备份 B．差异备份 C．事务日志备份 D．文件组备份

6．下列关于数据库备份的描述，正确的是（ ）。

  A．数据库备份可用于数据库崩溃时的还原

  B．数据库备份可用于将数据从一个服务器转移到另一个服务器

  C．数据库备份可用于记录数据的历史档案

  D．数据库备份可用于转换数据

7．能将数据库还原到某个时间点的备份类型是（ ）。

  A．完整数据库备份 B．差异备份

  C．事务日志备份 D．文件组备份

8．下列关于差异备份的描述，错误的是（ ）。

  A．备份自上一次完整备份以来数据库改变的部分。

  B．备份自上一次差异备份以来数据库改变的部分。

  C．差异备份必须在完整备份的基础上进行。

  D．备份自上一次日志备份以来数据库改变的部分。

9．下列关于数据库角色的描述，正确的是（ ）。

  A．将具有相同访问需求或权限的用户组织起来，以提高管理效率。

  B．将用户添加到 SQL Server 内置的角色中，可以实现不同的管理权限。

  C．一个用户只能属于一种角色。

  D．以上描述都正确。

10．假设有两个完整数据库备份：09：00 的完整备份 1 和 11：00 的完整备份 2，另外还有 3 个日志数据库备份：09：30 基于完整备份 1 的日志备份 1、10：00 基于完整备份 1 的日志备份 2 以及 11：30 基于完整备份 2 的日志备份 3。如果要将数据库还原到 11：15 的数据库状态，则可以采用（ ）。

  A．完整备份 1+日志备份 3

  B．完整备份 2+日志备份 3

  C．完整备份 1+日志备份 1+日志备份 2+日志备份 3

D．完整备份 2+尾部日志

二、填空题

1．SQL Server 2019 的身份验证模式包括：_____和_____两种。
2．按照角色的使用范围，SQL Server 2019 的角色分为：_____和_____。
3．SQL Server 2019 中的固定数据库角色有 db_owner、_____、_____等。
4．权限的种类包括有：_____、_____以及_____。
5．用户在数据库中拥有的权限取决于用户账户的数据库权限和_____。
6．数据库备份的类型包括：_____、_____、_____以及_____。
7．SQL Server 2019 的数据还原模式包括：_____、_____以及_____。
8．_____备份不可以在简单恢复模式下进行。
9．新建数据库用户时，如果不指定数据库角色则默认角色为_____。

三、简答题

1．数据库的安全性包括哪些因素。
2．简述 SQL Server 两种身份验证模式各自的优点和使用条件。
3．在数据库中进行权限设置的作用是什么。
4．数据库备份有几种方式以及各自有什么特点。
5．简述物理设备备份和逻辑设备备份的内容及区别。

四、实践题

1．设置 SQL Server 服务器的身份验证方式为"混合模式"；使用 T-SQL 方式创建登录名"SJAdmin1"和"SJAdmin2"，密码均为"123456"。
2．分别使用 SSMS 和 T-SQL 方式为 HR 数据库"HRDB"创建两个用户"王佳"和"张静"，"王佳"与登录名"SJAdmin1"相关联，"张静"与登录名"SJAdmin2"相关联。
3．使用 T-SQL 方式授予用户"王佳"对 "部门信息表（Department）"具有"更新""插入""删除"和"查询"权限，并进行验证。
4．在 HR 数据库"HRDB"中，创建一个自定义数据库角色"HRDATAMGR"，将"王佳"和"张静"归类为该数据库角色成员。设置"HRDATAMGR"对"员工基本信息表""学习经历信息表"和"工作经历信息表"具有"更新""插入""删除"和"查询"权限。
5．拒绝用户"张静"对"员工基本信息表""学习经历信息表"和"工作经历信息表"的"更新""插入"和"删除"权限。
6．撤销"HRDATAMGR"对"工资信息表"的"实际工资"列的"查询"权限。
7．对 HR 数据库"HRDB"实现完整备份。
8．在 HR 数据库"HRDB"中，为"部门表"增加一条记录后，完成数据库的差异备份。
9．为"员工基本信息表"增加一条记录后，完成数据库的事务日志备份。
10．利用完整备份将数据库还原到实现完整备份时的数据状态。
11．利用完整备份和差异备份将数据库还原到实现差异备份时的数据状态。
12．利用完整备份、差异备份和事务日志备份将数据库还原到某一个时刻点的数据状态。

模块4

数据库设计

子模块 8　数据库设计与实现

　　数据库设计，广义地讲是指数据库及其应用系统的设计，它主要指针对具体的实际应用，设计数据库的概念结构、逻辑结构及物理结构，实现具有完整性约束、并发控制和数据恢复等控制机制的、高性能的、安全稳定的数据库应用系统，使之能够有效地存储数据，满足各种用户的应用需求。

　　本模块主要介绍数据库需求分析、概念结构设计、逻辑结构设计及系统实现等内容。以学生公共服务平台为例，介绍数据库设计及实现的过程。

【学习目标】

- 了解数据库需求分析的方法
- 掌握数据库概念结构设计的方法
- 掌握数据库逻辑结构设计的方法
- 掌握数据库系统的实现方法

【学习任务】

任务 8.1　数据库需求分析
任务 8.2　数据库概念结构设计
任务 8.3　数据库逻辑结构设计
任务 8.4　数据库系统实现

任务 8.1　数据库需求分析

任务 8.1　工作任务单

工作任务	数据库需求分析	学时	4
所属模块	数据库设计与实现		
教学目标	知识目标：掌握数据库设计的基本概念和需求分析的方法； 技能目标：能够完成学生公共服务平台的需求分析； 素质目标：培养严谨的思维习惯和沟通能力		
思政元素	严谨细心、精益求精		
工作重点	完成学生公共服务平台的需求分析并形成需求分析报告		
技能证书要求	《数据库系统工程师考试大纲》要求会构建数据库模型，首先要完成需求分析		
竞赛要求	做好数据库需求分析是顺利设计数据库的第一步		

	使用软件	SQL Server 2019
	教学方法	教法：任务驱动法、项目教学法、情境教学法等； 学法：分组讨论法、线上线下混合学习法等
工作过程	一、课前任务	通过在线学习平台发布课前任务： ● 观看数据库需求分析的微课视频； 二维码 8-1 ● 完成课前测试
	二、课堂任务	1．课程导入 2．明确学习任务 （1）主任务——完成学生公共服务平台的需求分析。 某学校需要开发设计一个学生公共服务平台，实现学生选课、图书借阅、住宿等公共服务功能，设计并建立一个平台数据库，具体任务如下： 1）掌握数据库设计的基本概念。 2）掌握学生公共服务平台需求分析的方法。了解和掌握学生公共服务平台的工作业务流程、信息传递和转换过程；通过同用户充分地交流和沟通，确定哪些工作应由计算机来做，系统要实现哪些功能；确定各种人员对信息和处理各有什么要求。 任务所涉及的知识点与技能点如图 8-1 所示。 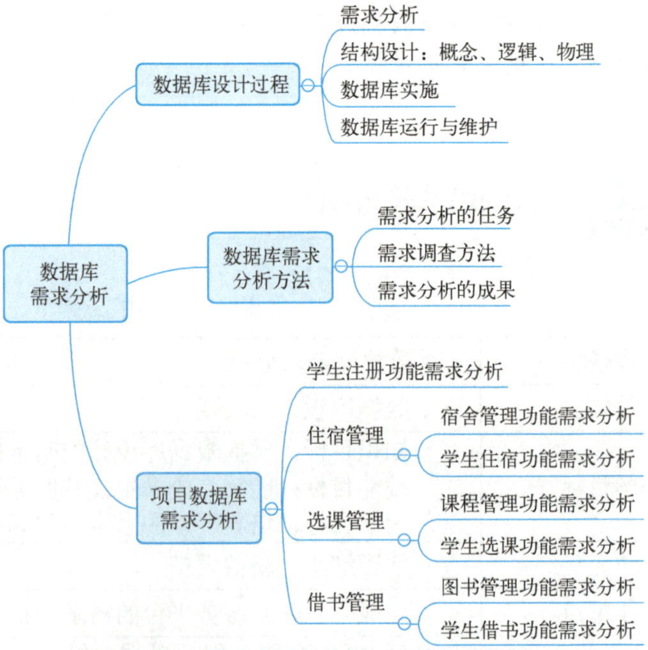 图 8-1　数据库需求分析知识技能结构图 （2）安全与规范教育 1）安全纪律教育。

工作过程	二、课堂任务	2）注意事项。 3．任务前检测 完成数据库设计的步骤有哪些？ 4．任务实施 1）老师进行知识讲解，模拟项目的实际运作流程，演示功能模块图和数据流图的绘制。 2）学生练习主任务，并完成任务训练与检查（见 8.1.4 小节）。 3）教师巡回指导，答疑解惑、总结。 5．任务展示 教师可以抽检、全检；学生把任务结果上传到学习平台；学生上台展示等。 6．任务评价 学生可以互评和自评，也可开展小组评价。 7．任务后检测 为什么对项目进行需求分析后，需要完成需求分析报告？ 8．任务总结 1）工作任务完成情况：是（ ），否（ ）。 2）学生技能掌握程度：好（ ），一般（ ），差（ ）。 3）操作的规范性及实施效果：好（ ），一般（ ），差（ ）
	三、工作拓展	完成 HR 数据库的需求分析，形成需求分析报告
	四、工作反思	

8.1.1 数据库设计的步骤

数据库设计是指根据用户需求设计数据库结构，是建立数据库及其应用系统的核心和基础。数据库设计是一种"反复探寻，逐步求精"的过程，它要求硬件、软件和管理的结合，结构（数据）设计和行为（处理）设计结合。一般来说，数据库设计分为需求分析、概念结构设计、逻辑结构设计、物理结构设计、数据库实施、数据库运行与维护 6 个阶段。

1．需求分析

需求分析是整个数据库设计过程的基础，要收集数据库所有用户的信息内容和处理要求，并加以规格化和分析。这是费时且复杂的一步，但也是最重要的一步，相当于待构建的数据库大厦的地基，它决定了以后每一步设计的速度与质量。需求分析做得不好，可能会导致整个数据库设计返工重做。在分析用户需求时，要确保用户目标的一致性。

2．概念结构设计

将需求分析得到的用户需求抽象为概念模型的过程就是概念结构设计。概念结构设计是把用户的信息和要求统一到一个整体逻辑结构中，此结构能够表达用户的要求，是一个独立于任何 DBMS 软件和硬件的概念模型。

3．逻辑结构设计

数据库概念结构设计的结果是得到一个与 DBMS 无关的概念模型。而逻辑结构设计则是把概念设计阶段得到的概念模型转换成具体 DBMS 所支持的数据模型。

4．物理结构设计

数据库最终是要存储在物理设备上的。数据库的物理设计的内容是对给定的逻辑数据模型选取一个最适合应用环境的物理结构。数据库的物理结构指的是数据库在物理设备上的存储结构与存储方法。

5．数据库实施

数据库实施阶段是建立数据库的实质阶段。在此阶段，设计人员根据逻辑结构设计和物理结构设计的结果建立数据库，编写与调试应用程序，将数据录入到数据库中，同时进行数据库系统的试运行。

6．数据库运行与维护

数据库系统设计完成并试运行成功后，就可以正式投入运行了。数据库运用与维护阶段是整个数据库生存期中最长的阶段。在此阶段，设计人员需要收集和记录数据库的运行情况，并根据系统运行中产生的问题及用户的新需求不断完善系统功能和提高系统的性能。

设计一个完善的数据库应用系统是不可能一蹴而就的，数据库设计的过程往往是上述几个阶段的不断反复，整个设计过程实际上是一个不断修改、调整的迭代过程，如图 8-2 所示。

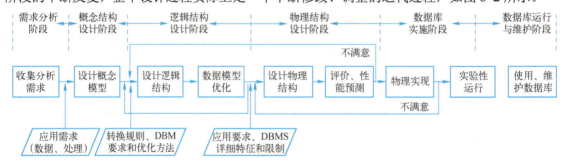

图 8-2　数据库设计过程

8.1.2　数据库需求分析方法

需求分析是整个数据库设计过程中的第一步，它对客观世界的对象进行调查、分析、命名、标识并构造出一个简明的全局数据视图，并且独立于任何具体的 DBMS。

1．需求分析

需求分析是在需求调查的基础上，逐步明确用户对系统的需求，包括数据需求和围绕这些数据和业务处理需求。需求分析一般自顶向下地进行。需求调查的重点是"数据"和"处理"，通过需求调查要从用户处获得对数据库的下列需求：

（1）信息需求

信息需求定义未来信息系统使用的所有信息，弄清用户将向数据库输入什么样的信息数据，在数据库中需存储哪些数据、对这些数据将做如何处理，信息的内容和结构以及信息之间联系的描述等。

（2）处理需求

处理需求定义未来系统数据处理的操作功能，描述操作的优先次序，包括操作执行的频率和场合，操作与数据之间的联系等。处理需求还包括弄清用户要完成什么样的处理功能、每种处理的执行频度、用户要求的响应时间、处理的方式是联机处理还是批处理等，同时也要弄清安全性和完整性的约束。

2. 常用的需求调查方法

在需求调查中，根据不同的问题和条件，可以通过多种调查方法获得用户需求。比较常见的调查方法包括：现场作业、开会调查、专人介绍、询问、问卷调查和查阅记录报表等。

（1）现场作业

通过亲自参加业务工作来了解业务活动的情况，这种方法可以比较准确地理解用户的需求，但比较耗时。

（2）开会调查

通过与用户座谈来了解业务活动的情况及用户需求。座谈时，参加者之间可以相互启发。

（3）专人介绍

邀请业务骨干介绍各项业务的主要内容和各业务之间的关联。

（4）询问

对某些调查中的问题，可以找专人询问。

（5）问卷调查

如果调查表设计合理，这种方法是很有效的，也易于为用户接受。

（6）查阅记录报表

查阅与原系统有关的数据记录。

需求调查过程中，以上几种的方法常常会混合使用。无论采用何种调查方法，都需要用户的积极参与配合，并对设计工作的结果共同承担责任。

3. 需求分析成果

需求分析阶段结束时提交的文档包括系统功能模块图、系统流程图、数据流图（DFD）、数据字典（DD）和一份综合性的需求分析报告。

（1）功能模块图

功能模块图或称结构图（structure chart）如图 8-3 所示。它是 1974 年由 W. Steven 等人从结构化设计的角度提出的一种工具。它的基本做法是将系统划分为若干子系统，子系统下再划分为若干的模块，大模块内再分小模块，而模块是指具有输入/输出、逻辑功能、运行程序和内部数据 4 种属性的一组程序。

（2）数据流图

数据流图（Data Flow Diagram，DFD）是从"数据"和"处理"两方面来表达数据处理过程的一种图形化的表示方法。在数据流图中，用"圆或椭圆"表示数据处理（加工）；用"箭头的线段"表示数据的流动及流动方向，即数据的来源和去向；用"="双杠表示数据的存储；用"方框"表示要求数据的源点或终点。DFD 可以形象地描述事务处理与所需数据的关联，如图 8-4 所示。

数据流图中的"处理"抽象表达了系统的功能要求，系统的整体功能要求可以分解为系统的若干子功能要求，通过逐步分解的方法，一直可以分解到将系统的工作过程表达清楚为止。在功能分解的同时，每个子功能在处理时所用的数据存储也被逐步分解，从而形成若干层次的数据流图。

（3）数据字典

数据字典（Data Dictionary，DD）是系统中各类数据描述的集合，是进行详细的数据收集和数据分析后所获得的主要成果。DD 以一种准确、简洁的方式对 DFD 中数据流、外部实体、数据存储进行说明，与 DFD 互为注释。

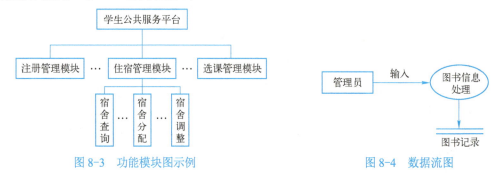

图 8-3　功能模块图示例　　　　　　　图 8-4　数据流图

（4）需求分析报告

需求分析阶段的最后是编写系统分析报告，通常称为需求规范说明书（也称为需求分析报告）。需求规范说明书是对需求分析阶段的一个总结。编写系统需求分析报告是一个不断反复、逐步深入和逐步完善的过程，系统需求分析报告应包括如下内容：系统概况，系统的目标、范围、背景、历史和现状；系统的原理和技术，对原系统的改善；系统总体结构与子系统结构说明；系统功能说明；数据处理概要、设计阶段划分；系统方案及技术、经济、功能和操作上的可行性。

通常系统需求分析报告还应包含了需求分析过程得到的功能模块图、数据流图、数据字典，及系统的硬件、软件支持环境的选择和规格要求。

8.1.3　项目数据库需求分析

在需求分析阶段，将对需要存储的数据进行收集和整理，并组织建立完整的数据集。可以使用多种方法进行数据的收集，例如相关人员调查、历史数据查阅、观摩实际运作流程以及转换各种实用表单等。通过观摩实际运作流程，分析学生公共服务平台的主要功能和实际运作过程。

学生公共服务平台能为新生办理报到登记手续，将其安排到录取的专业及班级，并安排入住到相应的宿舍；能为学生提供课程查询、选修课程及选修成绩管理；能提供学生借阅图书等功能。该平台主要涉及后勤处、教务处和图书馆三个部门：后勤处主要管理宿舍，并安排学生的住宿；教务处主要管理课程，并安排学生选课；图书馆主要管理图书，并处理学生借阅图书业务。

学生公共服务平台需求如下。

1）学生注册：学生报到时，可以使用该系统为学生办理注册服务，报到注册时需填写学号、姓名、性别、出生日期、院系、专业、班级等信息。

2）宿舍管理：后勤处可以通过该系统管理宿舍楼及宿舍，需要管理宿舍楼名、宿舍楼校区、宿舍楼地址、宿舍楼电话、宿舍管理员等信息；还需要维护各宿舍编号、宿舍电话、已住人数等信息。1 栋宿舍楼有若干间宿舍；学生宿舍分 A、B、C、D 这 4 个等级，每个等级的宿舍基本条件不同，因此每个等级的住宿费也不相同，宿舍具体分类见表 8-1。

表 8-1　宿舍分类信息表

类别	基本条件	住宿费收费标准（元/每个学生每学年）
A 类	①每屋 6 人，人均建筑面积不低于 5m^2；②每人配备床、桌子、椅子、柜橱各 1 个；③每屋配备电风扇和电源插座；④每楼层设有公用卫生间、盥洗室、淋浴设备	900

（续）

类别	基本条件	住宿费收费标准（元/每个学生每学年）
B类	①每屋不超过 6 人，人均建筑面积不低于 6m²；②每人配备床、桌子、椅子、柜橱、书架各 1 个；③每屋有阳台、室内卫生间；④每屋配备电风扇和电源插座；⑤每楼层有公共卫生间、盥洗室、淋浴设备	1100
C类	①每屋不超过 5 人，人均建筑面积不低于 7m²；②每人配备床、桌子、椅子、柜橱、书架各 1 个；③每屋有阳台、室内卫生间；④每屋配备电风扇和电源插座；⑤每楼层有公共卫生间、盥洗室、淋浴设备	1300
D类	①每屋不超过 4 人，人均建筑面积不低于 8m²；②每人配备床、桌子、椅子、柜橱、书架各 1 个；③每屋有阳台、室内卫生间；④每屋配备电风扇和电源插座；⑤每楼层有公共卫生间、盥洗室、淋浴设备	1500

3）学生住宿：学生报到注册成功后，后勤部门可以安排学生入住，需要登记入住时间、入住床号等。每个学生只能安排在一个宿舍入住。

4）课程管理：教务处通过该系统管理课程信息，需要维护课程编号、课程名、开课学期、任课教师、学时、学分等信息；

5）学生选课：学生开学后，教务处可以安排学生选课，1 个学生可以选修多门课程，1 门课程也可以被多名学生选修。学生通过考核后，系统还需要记录选课成绩和学分绩点。

6）图书管理：图书馆通过该系统管理图书信息，需要维护图书编号、书名、编著者、单价、出版社、出版时间、库存数量等。

7）学生借书：学生入校后，可以在图书馆借阅图书，一个学生可以借阅多本图书，最多一次可以借 6 本图书，一本图书也会被多个学生多次借阅；系统会记录每个学生每次的借阅日期、归还日期、是否违规等信息。

8.1.4　任务训练与检查

1. 任务训练

1）根据学生公共服务平台的需求分析，绘制出平台的功能模块图。
2）根据需求分析，绘制学生报到注册和办理住宿手续的数据流图。
3）根据需求分析，绘制学生选课的数据流图。
4）根据需求分析，绘制学生借阅图书的数据流图。

2. 检查与讨论

1）任务实施情况检查和评价。根据任务描述与要求，小组成员相互检查，提出问题并讨论。
2）基本知识（关键字）讨论：数据库设计步骤、需求分析、数据流图。
3）讨论在实际工作中，学生公共服务平台还有哪些可拓展的功能？

任务 8.2　数据库概念结构设计

任务 8.2　工作任务单

工作任务	数据库概念结构设计	学时	4
所属模块	数据库设计与实现		

教学目标		知识目标：掌握数据库概念模型的元素和概念结构设计的步骤； 技能目标：能够进行数据库概念结构设计（构建 E-R 模型）； 素质目标：培养不怕困难、严谨认真的学习工作态度
思政元素		严谨细心、不畏艰难
工作重点		完成数据库概念结构设计（构建 E-R 模型）
技能证书要求		《数据库系统工程师考试大纲》要求会构建数据库模型，包含概念结构设计
竞赛要求		作为设计数据库的重要步骤实现数据库概念结构设计
使用软件		SQL Server 2019
教学方法		教法：任务驱动法、项目教学法、情境教学法等； 学法：分组讨论法、线上线下混合学习法等
工作过程	一、课前任务	通过在线学习平台发布课前任务： ● 观看数据库概念结构设计的微课视频； 二维码 8-2 ● 完成课前测试
	二、课堂任务	1．课程导入 2．明确学习任务 （1）主任务 根据需求分析，设计学生公共服务平台的概念模型，即 E-R 模型图。具体任务如下： 1）标识实体和属性。确定学生公共服务平台数据库有哪些实体及他们的属性。 2）标识实体的联系。确定数据库实体间的联系是一对一、一对多还是多对多。 3）设计局部 E-R 模型图。根据各个功能的数据流图和数据字典中相关数据，设计出各项应用的局部 E-R 模型图。 4）设计全局 E-R 模型图。合并各局部 E-R 模型图，消除冲突，消除不必要冗余，得到全局 E-R 模型图。 任务所涉及的知识点与技能点如图 8-5 所示。 （2）安全与规范教育 1）安全纪律教育。 2）注意事项。 3．任务前检测 数据库概念模型的元素有哪些？ 4．任务实施 1）老师进行知识讲解，演示 E-R 模型图的绘制。 2）学生练习主任务，并完成任务训练与检查（见 8.2.3 小节）。 3）教师巡回指导，答疑解惑、总结。 5．任务展示

工作过程	二、课堂任务	教师可以抽检、全检；学生把任务结果上传到学习平台；学生上台展示等。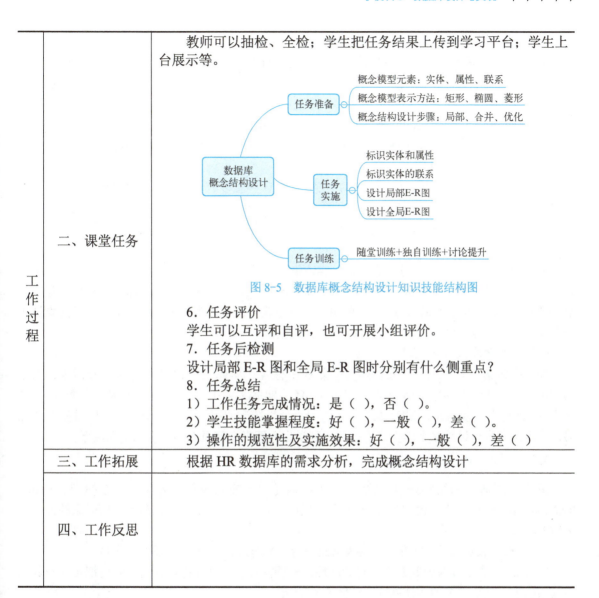

图 8-5　数据库概念结构设计知识技能结构图

6．任务评价
学生可以互评和自评，也可开展小组评价。
7．任务后检测
设计局部 E-R 图和全局 E-R 图时分别有什么侧重点？
8．任务总结
1）工作任务完成情况：是（　），否（　）。
2）学生技能掌握程度：好（　），一般（　），差（　）。
3）操作的规范性及实施效果：好（　），一般（　），差（　） |
| | 三、工作拓展 | 根据 HR 数据库的需求分析，完成概念结构设计 |
| | 四、工作反思 | |

8.2.1　任务知识准备

1．数据库概念模型的元素

概念模型是把需求分析的结果抽象化成整体数据库概念结构，它是概念结构设计阶段的重要任务及成果，概念模型通常利用"实体-联系法"（E-R 方法，Entity-Relationship Approach）表达。这种方法将现实世界的信息结构用属性、实体以及实体之间的联系，即 E-R 模型图来描述。

1）实体：现实世界中客观存在的并可区分识别的事物称为实体。实体可以指人和物，如学生、宿舍、图书等；可以指能触及的客观对象，可以指抽象的事件；还可以指事物与事物之间的联系，如学生选课信息等。实体名称一般是名词。

2）属性：每个实体都具有一定的特征，通过这些特征可以区分开一个个实体。例如，图书的特征：书名、作者、出版时间等。实体的特征称为属性。一个实体可以用若干个属性来描述。每个属性都有特定的取值范围，即值域，值域的类型可以是整数型、实数型和字符型等，例如性别属性的值域为（男，女）。属性名称一般是名词。

3）实体间的联系：现实世界中的各事物之间是有联系的，这些联系在信息世界中反映为实体内部的联系和实体之间的联系。实体内部的联系主要表现在组成实体的属性之间的联系。比如，一个学校有多个分院，一个分院有多个学生；一学生可以借阅多本图书。实体之间的联系主要表现在不同实体集之间的联系。联系名称一般是动词。

两个实体之间的联系有 3 种，分别是一对一联系、一对多联系和多对多联系。

（1）对一联系（1∶1）

如果对于实体集 A 中的每一个实体，在实体集 B 中至多有一个实体与之联系；反之亦然，则称实体集 A 与实体集 B 具有一对一联系，记为 1∶1。例如，一个学院只有一个院长，一个院长也只能任职于一个学院，则院长与学院之间的联系即为一对一的管理联系。

（2）一对多联系（1∶N）

如果对于实体集 A 中的每一个实体，实体集 B 中有 N 个实体（$N>1$）与之联系；反过来，对于实体集 B 中的每一个实体，实体集 A 中却至多有一个实体与之联系，则称实体集 A 与实体集 B 具有一对多联系，记为 1∶N。例如，一个专业可以有多个学生，但一个学生只能隶属于一个专业，则专业与学生之间是一对多的管理联系。

（3）多对多联系（$M∶N$）

如果实体集 A 中的每一个实体，实体集 B 中有 N 个实体（$N>1$）与之联系；反过来，对于实体集 B 中的每一个实体，实体集 A 中也有 M 个实体（$M>1$）与之联系，则称实体集 A 与实体集 B 具有多对多联系，记为 M∶N。例如，学生在借阅图书时，一个学生可以借阅多本图书，一本图书也可以被多个学生多次借阅，则学生和图书之间具有多对多的借阅联系。

2. 概念模型表示方法

概念模型通常利用实体-联系法来描述，描述出的概念模型称为实体联系模型（Entity-Relationship Model，E-R 模型）。E-R 模型中提供了表示实体、实体属性和实体间联系的方法，具体方法如下。

1）矩形：表示实体，矩形内标注实体的名字，如图 8-6 所示的"图书"实体。

2）椭圆：表示实体或联系所具有的属性，椭圆内标注属性名称，并用无向边把实体与其属性联系起来。例如图书的实体属性，如图 8-6 所示。

图 8-6 "图书"实体 E-R 模型图

3）菱形：表示实体间的联系，菱形内标注联系名，并用无向边把菱形分别与有关实体联系起来，在无向边旁标上联系的类型。需要注意的是，如果联系具有属性，则该属性仍用椭圆框表示，并且仍需要用无向边将属性与其联系连接起来，学生与图书之间的借阅联系如图 8-7 所示。

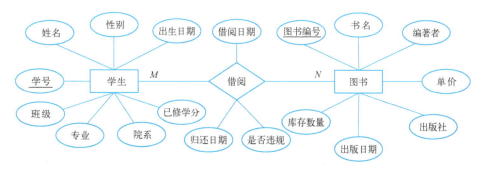

图 8-7 "学生借阅图书" E-R 模型图

一个学生可以借阅多本图书，一本图书可以被多个学生借阅，学生和图书之间的联系为 $M:N$，联系名为"借阅"。学生有学号、姓名、性别、出生日期、院系、专业、班级等属性，图书有图书编号、书名、编著者、单价、出版社、出版日期、库存数量等属性。多对多的"借阅"联系还有个借阅日期、归还日期、是否违规等属性。其 E-R 模型图如图 8-7 所示。

3. 概念结构设计的步骤

概念结构设计的步骤有两个，首先设计局部概念模型，然后将局部概念模型合成为全局概念模型。

（1）设计局部概念模型

设计局部概念模型就是选择需求分析阶段产生的局部数据流图或数据字典，设计局部 E-R 模型图。具体步骤如下。

首先，确定数据库所需的实体。

然后，确定各实体的属性以及实体的联系，画出局部的 E-R 模型图。

属性必须是不可分割的数据项，不能包含其他属性。属性不能与其他实体具有联系，即 E-R 模型图中所表示的联系是实体之间的联系，而不能有属性与实体之间发生联系。

（2）合并 E-R 模型图

首先将两个重要的局部 E-R 模型图合并，然后依次将一个新局部 E-R 模型图合并进去，最终合并成一个全局 E-R 模型图。每次合并局部 E-R 模型图的步骤如下。

首先合并，先解决局部 E-R 模型图之间的冲突，将局部 E-R 模型图合并生成初步的 E-R 模型图。

然后优化，对初步 E-R 模型图进行修改，消除不必要的冗余，生成基本的 E-R 模型图。

8.2.2 设计概念模型

【子任务】 根据需求分析，设计学生公共服务平台的概念模型，即绘制 E-R 模型图。
具体步骤如下：

1. 标识实体和属性

在收集需求信息后，必须标识数据库要管理的关键对象或实体。

分析系统需求，确定学生公共服务平台具有学生、宿舍、课程和图书 4 个实体，它们的属性分别是：

1) 学生（Student）。学生进校后，必须办理报到注册手续，才能使用其他学校公共服务。注册时需要填写学生基本属性，包括学生学号、姓名、性别、出生日期、院系、专业、班级、已修学分等，其中学生学号是学生实体的主属性。

2）课程（Course）。教务处需要安排课程给学生选修上课，课程的基本属性包括课程编号、课程名、任课教师、开课学期、学时、学分等，其中课程编号是课程实体的主属性。

3）图书（Book）。图书馆需要管理许多图书，为学生提供借阅服务，图书的基本属性包括图书编号、书名、编著者、单价、出版社、出版日期、库存数量等，其中图书编号是图书实体的主属性。

4）宿舍（Dormitory）。学生进校办理报到注册手续后，后勤部门可以为学生安排宿舍，宿舍的基本属性包括宿舍编号、宿舍电话、宿舍等级、宿舍基本条件、住宿费、已住人数、宿舍楼名、宿舍楼校区、宿舍楼地址、宿舍楼管理员、宿舍楼管理电话等，其中宿舍编号是宿舍实体的主属性。

  提示：对象或实体一般是名称，一个对象只描述一件事情，不能重复出现含义相同的对象。

2. 标识实体的联系

在学生、宿舍、课程和图书4个实体中，根据平台的需求分析，可以得出实体间的联系。

一个宿舍可以住宿4~6名学生，每个学生安排在一个固定宿舍入住，因此宿舍和学生之间存在着一对多的入住联系。学生入住后系统需要登记入住日期和入住床位号。

每个学生可以选修多门课程，每门课程可以被多个学生选修，因此学生和课程之间存在着多对多的选修联系。学生选修课程，考试结束后，系统会记录选修课程成绩和学分绩点。

每个学生可以借阅多本图书，每本图书可以被多个学生多次借阅；因此学生和图书之间存在的多对多借阅联系。学生借阅图书后，系统会记录借阅时间、归还日期、是否违规等信息。

3. 设计局部E-R模型图

对于后勤部门，它主要涉及宿舍和学生两个实体，它们之间存在一对多（1：N）的入住联系，需记录入住日期和入住床号，因此，后勤部门的局部E-R模型图如图8-8所示，学号和宿舍编号两个主属性用下画线标识。

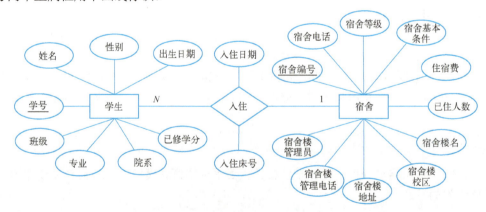

图8-8　后勤部门的局部E-R模型图

对于教务处，它主要涉及学生和课程两个实体，它们之间存在多对多（M：N）的选修联系，需记录选修课程的成绩，因此，教务处的局部E-R模型图如图8-9所示，学号和课程编号两个主属性用下画线标识。

对于图书馆，它主要涉及学生和图书两个实体，它们之间存在多对多（M：N）的借阅联系，需记录借阅时间，因此图书馆的局部E-R模型图如图8-10所示，学号和图书编号两个主属性用下画线标识。

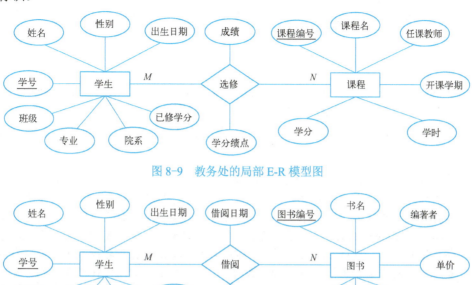

图 8-9　教务处的局部 E-R 模型图

图 8-10　图书馆的局部 E-R 模型图

4. 设计全局 E-R 模型图

综合局部 E-R 模型图，生成总体 E-R 模型图。在综合过程中，同名实体只能出现一次，还要去掉不必要的联系，以便消除冗余。一般来说，从总体 E-R 模型图必须能导出原来的所有局部视图，包括实体、属性和联系。因此学生公共服务平台合成的总体 E-R 模型图如图 8-11 所示。

 提示：在绘制数据库 E-R 模型图时，表示联系的菱形符号两端要标识实体的联系是 1∶1、1∶N 还是 M∶N。

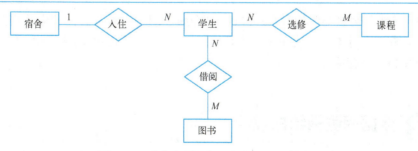

图 8-11　学生公共服务平台全局 E-R 模型图

8.2.3　任务训练与检查

1. 任务训练

使用绘图软件，如 Visio、Word 等，绘制 E-R 模型图，生成"学生公共服务平台"图片文件，具体要求如下：

1）按照图 8-8~图 8-10 内容，绘制后勤处、教务处、图书馆的局部 E-R 模型图。
2）如果学生实体和图书实体之间存在还书的关系，请绘制出相应 E-R 模型图。
3）结合 1）完成内容，按照图 8-11 内容，绘制学生公共服务平台的全局 E-R 模型图。

2. 检查与讨论

1）任务实施情况检查和评价。根据任务描述与要求，小组成员互查，提出问题并讨论。
2）基本知识（关键字）讨论：实体、联系、E-R 模型图。
3）讨论学生与学生档案关系：如有一个学生档案的实体，它的属性有哪些？学生与档案是几对几的联系？

> **提示**：学生档案则是国家人事档案的组成部分，是大学生在校期间的生活、学习及各种社会实践的真实历史记录，是大学生就业、入职后各单位选拔、任用、考核的主要依据。因此每个学生进校后都有一个对应学生档案盒（袋），对学生在校期间的学习、生活及各种社会实践活动材料进行归档，每个学生档案盒（袋）只记录着一个学生的情况，因此学生与学生档案存在的是 1 对 1 的归档的联系。每个学生档案盒上准确标识各检索项。包括年度、分类号、盒内归档文件起止件号，如"2002-XZ11-1~15"，还有盒内文件情况说明、责任人、检查人和日期。因此学生档案的属性应包括档案编号、年度、分类号、文件起始件号、责任人、检查人、盒内文件说明、备注等基本属性，它的 E-R 模型图如图 8-12 所示。

图 8-12 学生档案 E-R 模型图

4）院系、专业和班级与学生联系的讨论：是否单独建立一个实体，和学生联系是什么。
5）任务实施情况讨论：设计并绘制后勤部门、教务处、图书馆局部 E-R 模型图，和学生公共服务平台的 E-R 模型图。

任务 8.3　数据库逻辑结构设计

任务 8.3　工作任务单

工作任务	数据库逻辑结构设计	学时	4
所属模块	数据库设计与实现		
教学目标	知识目标：掌握 E-R 模型向关系模型的转换规则和关系规范化的范式； 技能目标：能够将 E-R 模型转换为关系模型； 素质目标：培养严谨的思维习惯		

思政元素		严谨细心、精益求精
工作重点		完成从 E-R 模型向关系模型的转换
技能证书要求		《数据库系统工程师考试大纲》要求会构建数据库模型，包含逻辑结构设计
竞赛要求		作为设计数据库的重要步骤实现数据库逻辑结构设计
使用软件		SQL Server 2019
教学方法		教法：任务驱动法、项目教学法、情境教学法等； 学法：分组讨论法、线上线下混合学习法等
工作过程	一、课前任务	通过在线学习平台发布课前任务： ● 观看数据库逻辑结构设计的微课视频； 二维码 8-3 ● 完成课前测试
	二、课堂任务	1. 课程导入 2. 明确学习任务 （1）主任务——将 E-R 模型转换成为关系模型。 将学生公共服务平台的概念模型转化为关系模型，具体任务如下： 1）实体转化为关系模型 根据转换规则，将 E-R 模型中的各实体独立转化为关系模式。 2）联系转化为关系模型 根据转换规则，将 E-R 模型中的各联系分别转化为关系模式。 3）关系模型的规范化 根据关系规范化要求，把关系模式分步规范为第一范式、第二范式，直至规范到第三范式。 任务所涉及的知识点与技能点如图 8-13 所示。 （2）安全与规范教育 1）安全纪律教育。 2）注意事项。 3. 任务前检测 数据库 E-R 模型向关系模型转换的规则是什么？ 4. 任务实施 1）老师进行知识讲解，演示 E-R 模型向关系模型的转换。 2）学生练习主任务，并完成任务训练与检查（见 8.3.4 小节）。 3）教师巡回指导，答疑解惑、总结。 5.任务展示 教师可以抽检、全检；学生把任务结果上传到学习平台；学生上台展示等。 6. 任务评价 学生可以互评和自评，也可开展小组评价。 7. 任务后检测

工作过程	二、课堂任务	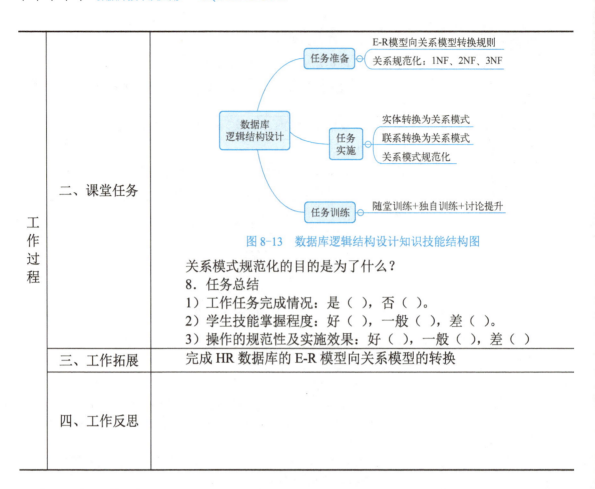图 8-13 数据库逻辑结构设计知识技能结构图 关系模式规范化的目的是为了什么？ 8．任务总结 1）工作任务完成情况：是（ ），否（ ）。 2）学生技能掌握程度：好（ ），一般（ ），差（ ）。 3）操作的规范性及实施效果：好（ ），一般（ ），差（ ）
	三、工作拓展	完成 HR 数据库的 E-R 模型向关系模型的转换
	四、工作反思	

8.3.1 任务知识准备

1．E-R 模型向关系模型转换规则

1）一个独立实体转化为一个关系模式，其属性转化为关系的属性，实体的码就是关系的码
2）对于实体间的联系有以下不同的情况
① 在 1∶1 联系的转换中，可以与任意一端对应的关系模式合并，如果与某一端实体对应的关系模式合并，需要在该关系模式的属性中加入另一个关系模式的码和联系本身的属性。
② 在 1∶N 联系的转化中，只需为 N 对应的这一方的关系增加 1 方关系模式的码和联系本身的属性。
③ 在 $M∶N$ 联系的转化中，必须成立一个新的关系模式，关系的主码为各实体码的组合。

2．关系规范化

关系数据库中的关系要满足一定要求，满足不同程度要求的为不同范式，满足最低要求的叫第一范式，简称 1NF。E. F. Codd 提出了规范化的问题，并给出范式的概念。1971—1972 年，他系统地提出了 1NF、2NF、3NF 的概念，讨论了进一步规范化的问题。1976 年，Fagin 又提出了 4NF，后来又有人提出了 5NF。

在实际的数据库设计过程中，通常需要用到的是前三类范式，它们定义如下。
（1）第一范式（1NF）

如果关系模式中每个属性是不可再分的数据项,则该关系模式属于 1NF。

(2) 第二范式 (2NF)

如果关系模式满足 1NF,且每个非主键属性都是完全函数依赖于主键属性,则该关系模式属于 2NF。

(3) 第三范式 (3NF)

如果关系模式满足 2NF,且没有一个非主键属性是传递函数依赖于候选键,则该关系模式属于 3NF。

1NF→2NF:消除非主键属性对主键的部分函数依赖。

2NF→3NF:消除非主键属性对主键的传递函数依赖。

关系模式的规范化过程是通过对关系模式的分解,把低一级的关系模式分解为若干个高一级关系模式。其基本思想是逐步消除关系模式中不合适的数据依赖,使模式达到某种程度的分离,即"即让一个关系描述一个概念,若多于一个概念时就把它分离出来"。所以,规范化的过程也被认为是"单一化"的过程。

是否规范化的程度越深越好?这要根据需要决定,因为"分离"越深,产生的关系越多,关系过多,连接操作越频繁,而连接操作是最费时间的。对查询为主的数据库应用来说,频繁的连接会影响查询速度。所以规范化的程度应该适宜于具体的应用需要,一般达到 3NF 就行,学会结合实际问题和具体情况合理地选择较好的数据库模式。

8.3.2 关系模式转换

【子任务】 根据转换规则,将 E-R 模型中的各实体、联系转化为关系模式。

具体步骤如下:

1. 实体转换为关系模式

根据 E-R 模型图转换为关系模式的原则,一个独立实体转化为关系,其属性转化为关系模型的属性,实体的主属性作为关系模式的主键,用下画线标识。

1) 学生实体的 E-R 模型图转换得到的关系模式如下:

学生(<u>学号</u>、姓名、性别、出生日期、院系、专业、班级、已修学分)

2) 学生档案实体的 E-R 模型图转换得到的关系模式如下:

学生档案(<u>档案编号</u>、年度、分类号、文件起始件号、责任人、检查人、盒内文件说明、备注)

3) 宿舍实体的 E-R 模型图转换得到的关系模式如下:

宿舍(<u>宿舍编号</u>、宿舍电话、可住人数、已住人数、宿舍楼名、宿舍楼校区、宿舍楼地址、宿舍楼管理电话、宿舍楼管理员)

4) 课程实体的 E-R 模型图转换得到的关系模式如下:

课程(<u>课程编号</u>、课程名、任课教师、开课学期、学时、学分)

5) 图书实体的 E-R 模型图转换得到的关系模式如下:

图书(<u>图书编号</u>、书名、编著者、单价、出版社、出版日期、库存数量)

2. 联系转化为关系模式

对于实体间的联系可以分为以下几种情况:

(1) 1∶1 联系

学生实体与学生档案实体是 1∶1 的归档联系，归档联系有个归档时间的属性，联系的转换有 3 种方法。

① 把学生实体集的主关键字加入到学生档案实体集对应的关系中，归档联系的属性归档时间也一并加入，表示这是哪个学生的档案，学号是学生档案的外关键字，用波浪线标识，因此学生档案的关系模式如下：

学生档案（<u>档案编号</u>、年度、分类号、文件起始件号、责任人、检查人、盒内文件说明、备注、<u>学号</u>、归档时间）

② 把学生档案实体集的主关键字加入到学生实体集对应的关系中，归档联系的属性归档时间也一并加入，表示这个学生对应着哪一个学生档案，档案编号是学生的外关键字，用波浪线标识，因此学生的关系模式如下：

学生（<u>学号</u>、姓名、性别、出生日期、院系、专业、班级、<u>档案编号</u>、归档时间）

③ 归档联系建立第三个关系，关系中包含学生与学生档案两个实体集的主关键字，归档联系的属性归档时间也一并加入。

归档（<u>学号、档案编号</u>、归档时间）

通常使用第一种和第二种方式比较多，这里选择合并到学生档案实体的第 1 种方法，因此学生档案关系模式确定为：

学生档案（<u>档案编号</u>、年度、分类号、文件起始件号、责任人、检查人、盒内文件说明、备注、<u>学号</u>、归档时间）

（2）1∶N 联系

宿舍和学生两实体集间存在 1∶N 入住联系，可将"一方"实体（宿舍）的主关键字纳入"N 方"（学生）实体集对应的关系中并作为"外部关键字"，同时把联系的属性（入住日期、入住床号）也一并纳入"N 方"（学生）对应的关系中，表示这学生住在哪一个宿舍，宿舍编号是学生实体的外关键字，用波浪线标识，因此学生的关系模式如下：

学生（<u>学号</u>、姓名、性别、出生日期、院系、专业、班级、已修学分、<u>宿舍编号</u>、入住日期、入住床号）

（3）M∶N 联系

对于学生与课程、学生与图书两实体集间分别存在 $M∶N$ 选课与借阅联系，必须对选课与借阅的多对多"联系"单独建立一个关系，用来联系双方实体集。选课与借阅的关系属性中至少要包括被它所联系的双方实体集的"主关键字"（分别是学号和课程号、学号和图书编号），并且选课联系的属性成绩、借阅联系的属性（借阅日期、归还日期、是否违规），都要归入这个单独关系中，新关系的主键为它所联系的双方实体集的"主关键字"的组合，因此选课与借阅联系的关系模式如下：

选课（<u>学号、课程编号</u>、成绩、学分绩点）

借阅（<u>学号、图书编号</u>、借阅日期、归还日期、是否违规）

最后学生公共服务平台的 E-R 模型图转换为的关系模式如下：

学生（<u>学号</u>、姓名、性别、出生日期、院系、专业、班级、已修学分、<u>宿舍编号</u>、入住日期、入住床号）

学生档案（<u>档案编号</u>、年度、分类号、文件起始件号、责任人、检查人、盒内文件说明、备注、<u>学号</u>、归档时间）

宿舍（<u>宿舍编号</u>、宿舍电话、宿舍等级、宿舍基本条件、住宿费、已住人数、宿舍楼名、宿舍楼校区、宿舍楼地址、宿舍楼管理电话、宿舍楼管理员）

课程（<u>课程编号</u>、课程名、任课教师、开课学期、学时、学分）
选课（<u>学号</u>、<u>课程编号</u>、成绩、学分绩点）
图书（<u>图书编号</u>、书名、编著者、单价、出版社、出版日期、库存数量）
借阅（<u>学号</u>、<u>图书编号</u>、借阅日期、归还日期、是否违规）

8.3.3 关系模式规范化

【子任务】 根据关系规范化要求，把关系模式分步规范为第一范式、第二范式，直至规范到第三范式。

问题分析：关系模式设计后，很可能结构不合理，如表 8-2 中会出现哪些异常问题？

经过分析，宿舍表会出现如下问题：

第一，会出现数据冗余。如果多个宿舍在同一个宿舍楼，则该宿舍楼的信息（宿舍楼名、宿舍楼校区、宿舍楼地址、宿舍楼管理电话、宿舍楼管理员）必须存储多次，造成数据冗余。

第二，会出现修改异常。由于数据冗余，当修改某些数据项（如宿舍楼名=3 号楼）的地址信息，则必须修改所有宿舍楼名=3 号楼的行，但这过程中可能有一部分有关记录被修改，而另一部分有关记录却没有被修改。

第三，会出现插入异常。若要增加一栋新的宿舍楼时，首先必须给这个宿舍楼安排好宿舍信息。或者为了添加一栋新宿舍楼的数据，要先给栋宿舍楼分配好各个宿舍号，宿舍电话等。因为主关键字不能为空，因此该宿舍楼的信息不能在数据库中存储。

第四，会出现删除异常而可能丢失有用信息。如果要删除某个宿舍信息，而目前该宿舍楼只安排了这间宿舍（例如表中的 4201 宿舍所在 4 号宿舍楼），那么，该宿舍楼的信息也一起被删除了。

表 8-2 宿舍信息表

宿舍编号	宿舍电话	宿舍等级	宿舍基本条件	住宿费	已住人数	宿舍楼名	宿舍楼校区	宿舍楼地址	宿舍管理电话	宿舍管理员
3301	2785	B	6人房有卫生间	1100	6	3号楼	北校区	莫枝路5号	8695	王英
3302	2896	B	6人房有卫生间	1100	5	3号楼	北校区	莫枝路5号	8695	王英
3303	2584	B	6人房有卫生间	1100	6	3号楼	北校区	莫枝路5号	8695	王英
3304	2685	C	5人房有卫生间	1300	5	3号楼	北校区	莫枝路5号	8695	王英
4201	2789	D	4人房有卫生间	1500	3	4号楼	南校区	甬丰路8号	8782	张云
5505	2213	B	6人房有卫生间	1100	6	5号楼	南校区	甬丰路10号	8964	刘丽

数据重复保存，简称数据的冗余，这对数据的增删改查带来很多后患，所以需要审核关系模式是否合理，就像施工图设计好后，还需要其他机构进行审核图纸设计是否合理一样。在数据库范式理论基础上对关系模式规范化，使得数据库设计合理。

（1）规范到第一范式（1NF）

学生、学生档案、宿舍、课程、选课、图书、借阅等关系模式的每个属性为不再可分，也不存在数据的冗余，因此它们满足 1NF。

（2）规范到第二范式（2NF）

这里重点分析宿舍关系模式。

宿舍（<u>宿舍编号</u>、宿舍电话、宿舍等级、宿舍基本条件、住宿费、已住人数、宿舍楼名、宿舍楼校区、宿舍楼地址、宿舍楼管理电话、宿舍楼管理员）

首先宿舍的每个属性已经不可再分，符合 1NF。宿舍编号能唯一标识出每间宿舍，所以宿舍编号为主关键字。对于宿舍编号"3301"，就会有一个"2785"的宿舍电话，所以"宿舍电话"属性依赖于宿舍编号。同样可以看出宿舍等级、宿舍基本条件、住宿费、已住人数属性依赖于宿舍号。

但是宿舍楼名、宿舍楼校区、宿舍楼地址、宿舍楼管理电话、宿舍楼管理员它们描述的是宿舍楼信息，都依赖于宿舍楼名，即非主键（宿舍楼校区、宿舍楼地址、宿舍楼管理电话、宿舍楼管理员）依赖另一非主键（宿舍楼名），所以宿舍关系模式不符合 2NF。

修改宿舍关系模式使其满足 2NF。把宿舍楼名、宿舍楼校区、宿舍楼地址、宿舍楼管理电话、宿舍楼管理员这些属性单独成立一个新的关系模式，即宿舍楼，宿舍楼编号为宿舍楼的主键，宿舍关系模式去掉这些属性，而在宿舍中增加一个宿舍楼编号属性作为外键，参照宿舍楼中的宿舍楼编号，这样保证满足 2NF。宿舍楼与宿舍之间存在着 1 对多的组成联系，即一栋宿舍楼是由多间宿舍组成，每个宿舍都隶属于某栋宿舍楼，因此新关系模式如下：

宿舍楼（<u>宿舍楼编号</u>、宿舍楼名、宿舍楼校区、宿舍楼地址、宿舍楼管理电话、宿舍楼管理员）

宿舍（<u>宿舍编号</u>、宿舍电话、宿舍等级、宿舍基本条件、住宿费、已住人数、<u>宿舍楼编号</u>）

学生、学生档案、课程、选课、图书、借阅等关系模式满足 2NF。

提示：第二范式要求每列必须和主键相关，不相关的列放入到别的关系模式中，即要求一个关系模式只描述一件事情。这里可以直接查看该关系模式描述了几件事情，然后根据一件事情创建一个关系模式。

（3）规范到第三范式（3NF）

下面再分析宿舍关系模式。

宿舍（<u>宿舍编号</u>、宿舍电话、宿舍等级、宿舍基本条件、住宿费、已住人数、<u>宿舍楼编号</u>）

其中（宿舍编号→宿舍等级），（宿舍等级→宿舍基本条件、住宿费），（宿舍编号→宿舍基本条件、住宿费），即宿舍住宿费与宿舍等级有关，宿舍等级又与宿舍编号有关，即宿舍住宿费与宿舍编号有关。该模式存在传递函数依赖关系，需要进一步拆分宿舍关系模式，可把宿舍等级、宿舍基本条件、住宿费这些属性单独成立一个新的关系模式，即宿舍等级，宿舍关系模式中除去"宿舍基本条件、住宿费"属性，保留宿舍等级属性作为外键，这样保证满足 3NF。宿舍等级与宿舍之间存在着 1 对多的从属联系，即有多间宿舍是属于同一等级，每个宿舍都有一个宿舍等级。新的关系模式如下：

宿舍等级（<u>宿舍等级</u>、宿舍基本条件、住宿费）

宿舍（<u>宿舍编号</u>、宿舍电话、<u>宿舍等级</u>、已住人数、<u>宿舍楼编号</u>）

学生、学生档案、课程、选课、图书、借阅等关系模式满足 3NF。

最后，经过规范化的学生公共服务平台关系模式如下：

学生（<u>学号</u>、姓名、性别、出生日期、院系、专业、班级、已修学分、<u>宿舍编号</u>、入住日期、入住床号）

学生档案（<u>档案编号</u>、年度、分类号、文件起始件号、责任人、检查人、盒内文件说明、

备注、学号、归档时间）

宿舍等级（<u>宿舍等级</u>、宿舍基本条件、住宿费）

宿舍楼（<u>宿舍楼编号</u>、宿舍楼名、宿舍楼校区、宿舍楼地址、宿舍楼管理电话、宿舍楼管理员）

宿舍（<u>宿舍编号</u>、宿舍电话、<u>宿舍等级</u>、已住人数、<u>宿舍楼编号</u>）

课程（<u>课程编号</u>、课程名、任课教师、开课学期、学时、学分）

选课（<u>学号</u>、<u>课程编号</u>、成绩、学分绩点）

图书（<u>图书编号</u>、书名、编著者、单价、出版社、出版日期、库存数量）

借阅（<u>学号</u>、<u>图书编号</u>、借阅日期、归还日期、是否违规）

需要注意的是，为了满足三大范式，在规范化表格时就会拆分出越来越细的表格。但客户接受的信息，为了满足客户要求，又需要把这些表通过连接查询还原为客户接受的综合数据，这与从一张表中读出数据相比，会影响数据库的查询性能。

所以，有时为了满足性能要求，需要适当牺牲规范化的要求，来提高数据库的性能。为满足某种商业目标，数据库性能比规范化数据库更重要。

例如，通过在给定的关系中添加额外的字段，以大量减少搜索信息所需的时间。如可以在宿舍关系模式中加入宿舍的住宿费、宿舍楼名、宿舍楼地址，以方便用户查询。也可以在给定的表中插入计算列（如成绩总分），以方便查询。

8.3.4 任务训练与检查

1. 任务训练

1）设某商业集团数据库中有 3 个实体集。一是"商店"实体集，属性有商店编号、商店名、地址等；二是"商品"实体集，属性有商品号、商品名、规格、单价等；三是"职工"实体集，属性有职工编号、姓名、性别、业绩等。商店与商品间存在"销售"联系，每个商店可销售多种商品，每种商品也可放在多个商店销售，每个商店销售每种商品，均有月销售量；商店与职工间存在着"聘用"联系，每个商店有许多职工，每个职工只能在一个商店工作，商店聘用职工有聘期和月薪。

① 画出 E-R 模型图，并在图上注明属性、联系的类型。

② 将 E-R 模型图转换成关系模式，并注明主键和外键。

2）关系规范化练习，假设有下列关系模式：

学生（<u>学号</u>、姓名、性别、出生日期、院系编号、已修学分、院系名称、院系主任、专业代码、专业名称、学制、班级编号、班级名称、班主任、<u>宿舍编号</u>、入住日期、入住床号）

该关系模式是否满足 2NF、3NF？不满足，如何规范到 3NF？

2. 检查与讨论

1）任务实施情况检查和评价。根据任务描述与要求，小组成员互查，提出问题并讨论。

2）基本知识（关键字）讨论：E-R 模型向关系模型转换规则、1NF、2NF、3NF。

3）讨论联系转换：1∶1 联系转换，1∶N 联系转换，M∶N 联系转换。

4）关系规范化讨论：完全函数依赖、传递函数依赖、关系模型优化。

5）任务实施情况讨论：商业集团数据库 E-R 模型图、E-R 模型图转换成关系模型、关系模式规范化。

任务 8.4　数据库系统实现

任务 8.4　工作任务单

工作任务	数据库系统实现	学时	4
所属模块	数据库设计与实现		
教学目标	知识目标：掌握数据库物理实现的步骤； 技能目标：能够根据关系模型，完成学生公共服务平台数据库系统实现； 素质目标：培养抗压能力、团队协作能力和团队合作精神		
思政元素	抗压抗挫、团结协作		
工作重点	进行学生公共服务平台数据库存储结构设计，建立数据库，并完成数据库的应用和安全管理		
技能证书要求	《数据库系统工程师考试大纲》要求能够设计、建立和应用数据库		
竞赛要求	能够设计、建立和应用数据库		
使用软件	SQL Server 2019		
教学方法	教法：任务驱动法、项目教学法、情境教学法等； 学法：分组讨论法、线上线下混合学习法等		
工作过程	一、课前任务	通过在线学习平台发布课前任务： ● 观看数据库系统实现的微课视频； 二维码 8-4 ● 完成课前测试	
	二、课堂任务	1. 课程导入 2. 明确学习任务 （1）主任务 根据关系模型，完成学生公共服务平台数据库系统实现。 具体任务如下： 1）数据库物理实现。设置合理的数据类型和进行存储设置，完成数据库、数据表的存储结构设计。 2）数据库建立。根据存储结构设计，创建数据库和数据表、设置数据表的完整性，并添加、更新、删除数据。 3）数据库应用。根据学生公共服务平台的业务要求，实现查询数据、设置索引、使用视图、创建存储过程和触发器等操作。 4）数据库管理。根据学生公共服务平台的安全性及维护需求，合理创建用户与权限分配、完成备份和还原数据库等管理操作。	

工作过程		任务所涉及的知识点与技能点如图 8-14 所示。 （2）安全与规范教育 1）安全纪律教育。 2）注意事项。 3．任务前检测。 数据库实现需要哪些步骤？ 4．任务实施 1）老师进行知识讲解，明确数据库系统实现要求。 2）学生练习主任务，并完成任务训练与检查（见 8.4.5 小节）。 3）教师巡回指导，答疑解惑、总结。 5．任务展示 教师可以抽检、全检；学生把任务结果上传到学习平台；学生上台展示等。
	二、课堂任务	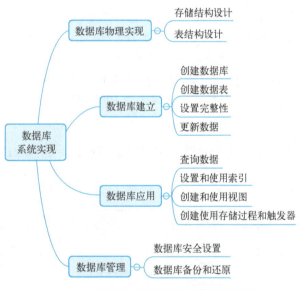 图 8-14　数据库系统实现知识技能结构图 6．任务评价 学生可以互评和自评，也可开展小组评价。 7．任务后检测 8．任务总结 1）工作任务完成情况：是（　），否（　）。 2）学生技能掌握程度：好（　），一般（　），差（　）。 3）操作的规范性及实施效果：好（　），一般（　），差（　）
	三、工作拓展	完成 HR 数据库的系统实现（与之前建立的 HR 数据进行对比）
	四、工作反思	

8.4.1 数据库物理实现

数据库物理实现主要是指根据所选择的关系型数据库的特点对逻辑模型进行存储结构的设计。它主要是选择合适的存储引擎（SQL Server 2019）、定义数据库和数据表结构、建立数据库和数据表。

【子任务】 设置合理的数据存储位置，完成数据库、数据表的存储结构设计。

具体步骤如下：

1. 数据库存储结构设计

设计学生公共服务平台数据库的存储结构。数据库名称为 DB_StuServices，其中数据库文件和事务日志文件要求如下。

1）主数据库文件：逻辑名为 DB_StuServices_data1；物理文件名为 DB_StuServices_data.mdf；初始大小为 5MB；每次增长 1MB。

2）次数据库文件：逻辑名为 DB_StuServices_data2；物理文件名为 DB_StuServices_data1.ndf；初始大小为 5MB；文件最大为 1000MB；每次增长 20%。

3）事务日志文件 1：逻辑名为 DB_StuServices_Log1；物理文件名为 DB_StuServices_Log1.ldf；初始大小为 5MB。每次增长 10%。

4）事务日志文件 2：逻辑名为 DB_StuServices_Log2；物理文件名为 DB_StuServices_Log2.ldf；初始大小为 2MB；文件最大为 1000MB。

2. 数据表存储结构设计

根据学生公共服务平台数据库逻辑结构设计，选择合适数据类型，设计数据表结构，如表 8-3～表 8-7 所示。

表 8-3 宿舍等级（TB_AccomLevel）

列名	数据类型	允许 NULL 值	说明
ALID	smallint	否	宿舍等级编号，主键、标识符，从 100 开始，偶数
ALevel	nchar(10)	否	宿舍等级名称，唯一性
AccomDesc	nvarchar(100)	是	宿舍条件描述
AccomFee	decimal(8,2)	否	宿舍费

表 8-4 宿舍楼（TB_Building）

列名	数据类型	允许 NULL 值	说明
BID	Char(4)	否	宿舍楼编号，主键
BName	nchar(10)	否	宿舍楼名称，唯一性
BCampus	nvarchar(15)	否	宿舍楼校区，默认值：北校区
BAddress	nchar(50)	否	宿舍楼地址
BPhone	varchar(15)	是	宿舍楼管理电话，格式为 0574-********,共 8 位数字
BAdmin	varchar(15)	是	宿舍楼管理员名称

表 8-5 宿舍（TB_Accommodation）

列名	数据类型	允许 NULL 值	说明
AID	smallint	否	宿舍编号，主键、标识符
APhone	varchar(15)	是	宿舍电话

（续）

列名	数据类型	允许 NULL 值	说明
ALNo	smallint	否	宿舍等级，外键，参照宿舍等级表的宿舍等级编号
ANumber	int	否	已住人数，默认值为 0
ABNo	Char(4)	否	宿舍楼编号，外键，参照宿舍楼表的宿舍楼编号

表 8-6　学生表（TB_Student）

列名	数据类型	允许 NULL 值	说明
SID	char(8)	否	学号，主键
SName	nchar(4)	否	姓名
SMajor	nchar(8)	否	专业
SSex	nchar(1)	否	性别（"男""女"），默认值为"男"
SBirth	date	是	出生日期
SRcredit	int	是	已修学分
SRemark	nvarchar(20)	是	备注
ANo	smallint	否	宿舍编号，外键，参照宿舍表的宿舍编号
SEntertime	datetime	否	入住日期，默认值为当前时间
SBed	Char(4)	否	入住床号

表 8-7　学生档案表（TB_Profile）

列名	数据类型	允许 NULL 值	说明
PFID	char(8)	否	档案编号，主键
PFYear	nchar(4)	否	年，默认值为 2020 年
PFClass	Varchar(8)	否	分类号，格式大写字母 S 开头，6 位长度
PFBegin	Varchar(8)	否	文件起始号，格式大写字母 SF 开头，6 位长度
PFAdmin	nchar(8)	否	责任人
PFChecker	nchar(8)	是	检查人
PFDesc	varchar(100)	是	盒内文件说明
PFRemark	varchar(100)	是	备注
PFSID	char(8)	否	学号，外键，参照学生表的学号
PFTime	datetime	否	归档时间，默认值为当前时间

课程表、选课表、图书表、借阅表的结构如前面章节相应介绍。

8.4.2　数据库建立

【子任务】　根据存储结构设计，创建数据库和数据表、设置数据表的完整性，并添加、更新、删除数据。

具体步骤如下：

1. 创建数据库

创建数据库的 T-SQL 代码如下：

```
CREATE DATABASE DB_StuServices
ON
--定义主数据文件
(NAME='DB_StuServices_data1',
 FILENAME='C:\DB\DB_StuServices_data1.mdf',
 SIZE=5MB,
 FILEGROWTH=1MB),
--定义次数据文件
```

```
    (NAME='DB_StuServices_data2',
    FILENAME='C:\DB\DB_StuServices_data2.ndf',
    SIZE=5MB,
    MAXSIZE=1000MB,
    FILEGROWTH=20%)
    LOG ON
    --定义日志文件 1
    (NAME='DB_StuServices_Log1',
    FILENAME='C:\DB\DB_StuServices_Log1.ldf',
    SIZE=5MB,
    FILEGROWTH=10%),
    --定义日志文件 2
    (NAME='DB_StuServices_Log2',
    FILENAME='C:\DB\DB_StuServices_Log2.ldf',
    SIZE=2MB,
    MAXSIZE=1000MB)
```

2. 创建数据表

以创建宿舍等级、宿舍楼、宿舍为例，T-SQL 代码如下：

```
    --宿舍等级表
    CREATE TABLE TB_AccomLevel(
    ALID smallint NOT NULL identity(100,2) PRIMARY KEY,
    ALevel nchar(10) NOT NULL UNIQUE,
    AccomDesc nvarchar(100),
    AccomFee decimal(8,2) NOT NULL
    --宿舍楼表
    CREATE TABLE TB_Building(
    BID char(4) NOT NULL PRIMARY KEY,
    BName nchar(10) NOT NULL,
    BCampus nvarchar(15) NOT NULL,
    BAddress nchar(50) NOT NULL,
    BPhone varchar(15),
    BAdmin varchar(15)
    )
    --宿舍表
    CREATE TABLE TB_Accommodation(
    AID smallint NOT NULL identity(1,1) PRIMARY KEY,
    APhone varchar(15),
    ALNo smallint NOT NULL REFERENCES TB_AccomLevel(ALID),
    ANumber int NOT NULL default '0',
    ABNo char(4) NOT NULL
    )
```

3. 设置数据表的完整性

（1）设置唯一约束

设置宿舍楼名称为唯一约束，T-SQL 代码如下：

```
    ALTER TABLE TB_Building
    ADD CONSTRAINT UQ_BName UNIQUE(BName)
```

（2）设置默认值约束

设置宿舍楼校区的默认值为"北校区"，T-SQL 代码如下：

```
    ALTER TABLE TB_Building
```

```
    ADD CONSTRAINT DF_BCampus DEFAULT('北校区') FOR BCampus
```

(3)设置检查约束

设置宿舍楼管理电话格式为 0574-********,*共 8 位数字,T-SQL 代码如下:

```
    ALTER TABLE TB_Building
    ADD CONSTRAINT CK_BPhone CHECK(BPhone like '0574-[0-9][0-9][0-9][0-9][0-9][0-9][0-9][0-9] ')
```

(4)设置外键约束

设置宿舍表中 ABNo 为外键,T-SQL 代码如下:

```
    ALTER TABLE TB_Accommodation
    ADD CONSTRAINT FK_ABNo FOREIGN KEY(ABNo) REFERENCES  TB_Building(BID)
```

4. 更新数据表的数据

(1)添加数据

添加宿舍等级表中数据,T-SQL 代码如下:

```
    INSERT TB_AccomLevel(ALevel,AccomDesc,AccomFee)
    SELECT '五星', '2 人间、豪华装修', '1800.00' UNION
    SELECT '四星', '4 人间、精装修', '1200.00'
```

添加宿舍楼表中数据,T-SQL 代码如下:

```
    INSERT TB_Building
    SELECT 'A01', '女宿舍楼', '北校区', '工商职业技术学院', '0574-85698756', '李丽' UNION
    SELECT 'A02', '男宿舍楼', '南校区', '工商职业技术学院', '0574-13168531', '张强'
```

添加宿舍表中数据,T-SQL 代码如下:

```
    INSERT TB_Accommodation(APhone,ALNo,ANumber,ABNo)
    SELECT '87569859', '100', '2', 'A01' UNION
    SELECT '85687452', '102', '3', 'A02' UNION
    SELECT '85687452', '102', '2', 'A01'
```

添加学生表中数据,T-SQL 代码如下:

```
    INSERT INTO TB_Student
    VALUES('19021111', '翁琪', '软件技术', '女', '2001-04-12', '1', '无',1,DEFAULT, '6')
    INSERT INTO TB_Student
    VALUES('19021133', '李宏', '计算机网络技术', '男', '2000-12-01', '1', '无',2,'2019-09-03', '5')
```

将学生的姓名、性别、专业记录取出,保存到 Student_back 表中,其中给学生信息重新编号,新的学生编号从 101 开始,T-SQL 代码如下:

```
    SELECT IDENTITY(int,101,1)SNID,SName,SSex,SMajor
    INTO Student_back
    FROM TB_Student
```

(2)更新数据

在 Student_back 表中将"软件技术"专业名称更新为"计算机软件技术",T-SQL 代码如下:

```
    UPDATE Student_back SET SMajor='计算机软件技术' WHERE SMajor = '软件技术'
```

(3)删除数据

删除 Student_back 表中学号为 101 的记录,T-SQL 代码如下:

```
    DELETE FROM Student_back
    WHERE SID=101
```

删除 Student_back 表中所有记录，T-SQL 代码如下：
```
TRUNCATE TABLE Student_back
```
删除 Student_back 表，T-SQL 代码如下：
```
DROP TABLE Student_back
```

8.4.3 数据库应用

【子任务】 根据学生公共服务平台的业务要求，实现查询数据、设置索引、使用视图、创建存储过程和触发器等操作。

具体步骤如下。

1. 简单与统计查询

查询宿舍等级表，结果显示宿舍费最高的宿舍等级编号、宿舍等级名称和宿舍费等信息，T-SQL 代码如下：
```
SELECT TOP 1 ALID as 宿舍等级编号, Alevel as 宿舍等级名称,AccomFee as 宿舍费
FROM TB_AccomLevel
ORDER BY AccomFee Desc
```

查询"A01"宿舍楼目前有几间宿舍，T-SQL 代码如下：
```
SELECT ABNo AS 宿舍楼编号,COUNT(*) as 宿舍数量
FROM TB_Accommodation
WHERE ABNo='A01'
GROUP BY ABNo
```

执行结果如图 8-15 所示。

2. 连接与子查询

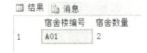

图 8-15 统计查询结果

查询目前哪栋宿舍楼的哪间宿舍还没学生入住，T-SQL 代码如下：
```
SELECT A.AID AS 宿舍编号,A.ABNo AS 宿舍楼编号
FROM TB_Accommodation AS A.LEFT JOIN TB_Student AS S
ON A.AID=S.ANo
WHERE S.SBed IS NULL
```

执行结果如图 8-16 所示。

图 8-16 连接查询结果

查询比"翁琪"同学年纪大的同学的学号、姓名和性别，T-SQL 代码如下：
```
SELECT SID 学号,SNAME 姓名,SSex 性别
FROM TB_Student
WHERE SBirth<(SELECT SBirth
              FROM TB_Student
              WHERE SName='翁琪')
```

执行结果如图 8-17 所示。

图 8-17 子查询结果

3. 设置索引

设置姓名列，创建非聚集索引，其填充因子为 30%，T-SQL 代码如下：
```
CREATE NONCLUSTERED INDEX IX_SName
ON TB_Student(SName)
WITH FILLFACTOR= 30
```

```
GO
```

按索引 IX_SName 查询 4～6 月份出生的学生信息，T-SQL 代码如下：

```
SELECT * FROM TB_Student  WITH (INDEX=IX_SName)
WHERE MONTH(SBirth) BETWEEN 4 AND 6
```

执行结果如图 8-18 所示。

SID	SName	SMajor	SSex	SBirth	SRcredit	SRemark	ANo	SEntertime	SBed
19021111	翁琪	软件技术	女	2001-04-12	1	无	1	2020-04-01 23:35:56.323	6

图 8-18　使用索引查询

4. 创建与使用视图

创建视图，保存未入住的宿舍信息，T-SQL 代码如下：

```
CREATE VIEW view_SpareDormitory
AS
SELECT AID AS 宿舍编号,APhone AS 宿舍电话,ABNo AS 宿舍楼编号
FROM TB_Accommodation AS A
WHERE NOT EXISTS (SELECT *
                  FROM TB_Student AS S
                  WHERE A.AID=S.ANo)
```

使用视图查看未入住的宿舍信息，T-SQL 代码如下：

```
SELECT *
FROM view_SpareDormitory
```

执行结果如图 8-19 所示。

宿舍编号	宿舍电话	宿舍楼编号
3	87569859	A01

图 8-19　使用视图查询

5. 创建与执行存储过程和触发器

（1）创建和执行存储过程

1）创建存储过程。根据输入的专业名称和性别，查找学生基本信息和所在宿舍信息，T-SQL 代码如下：

```
CREATE PROCEDURE proc_stu
@majorname nchar(8),
@sex nchar(1)
AS
SELECT S.SName 学生姓名,S.SMajor 专业,S.SSex 性别,A.AID 宿舍编号,A.APhone 宿舍
电话
FROM  TB_Student AS S
INNER JOIN TB_Accommodation AS A.
ON S.ANo=A.AID
WHERE S.Smajor=@majorname and S.SSex=@sex
```

2）执行存储过程的 T-SQL 代码如下：

```
EXECUTE proc_stu @majorname='软件技术',@sex='女'
```

执行结果如图 8-20 所示。

学生姓名	专业	性别	宿舍编号	宿舍电话
翁琪	软件技术	女	1	85687452

图 8-20　执行存储过程结果

（2）创建和执行触发器

1）创建触发器。学生入住宿舍后，该宿舍住宿人数自动增加 1，T-SQL 代码如下：

```
CREATE TRIGGER tg_insersth
ON TB_Student
FOR INSERT     --触发器在添加数据时生效
AS
```

```
DECLARE @No smallint
--从 inserted 表中找到学生入住的宿舍编号，并赋予给临时变量@No
SELECT @No=ANo
FROM inserted
--更新宿舍表
UPDATE TB_Accommodation
SET ANumber=ANumber+1       --学生表入住宿舍后，该宿舍住宿人数增加 1
WHERE AID=@No
```

2）测试所创建的触发器。增加一条学生记录，入住 1 号宿舍，1 号宿舍入住人数自动增加 1，T-SQL 代码如下：

```
INSERT INTO TB_Student
VALUES( '19021123','翁江','软件技术','女','2002-04-12','1','无',1,DEFAULT,'6')
GO
SELECT *
FROM TB_Accommodation
```

执行结果如图 8-21 所示。

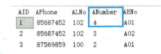

图 8-21 执行触发器结果

8.4.4 数据库管理

【子任务】 根据学生公共服务平台的安全性及维护需求，合理创建用户与分配权限、完成备份和还原数据库等管理操作。

具体步骤如下。

1. 数据库安全设置

（1）创建 SQL Server 登录用户

创建名为"StuService"的登录名，初始密码为"888888"，T-SQL 代码如下：

```
CREATE LOGIN StuService
WITH PASSWORD='888888'
GO
```

（2）更改用户登录密码

将名为"StuService"的登录密码由"888888"修改为"123456"，T-SQL 代码如下：

```
ALTER LOGIN StuService
WITH PASSWORD='123456'
GO
```

（3）创建数据库用户

创建与登录名"StuService"关联的 DB_StuServices 数据库用户，数据库用户名为"StuService"，T-SQL 代码如下：

```
USE DB_StuServices
GO
CREATE USER StuService
FOR LOGIN StuService
GO
```

（4）分配和回收数据库用户权限

使用 T-SQL 语句授予用户"StuService"对 DB_StuServices 数据库中 TB_Student 表的查询和添加权限，T-SQL 代码如下：

```
GRANT SELECT,INSERT ON TB_Student TO StuService
```

使用 T-SQL 语句授予用户"StuService"在 DB_StuServices 数据库中有创建表和视图的权限，T-SQL 代码如下：

```
GRANT CREATE TABLE,CREATE VIEW TO StuService
```

使用 T-SQL 语句禁止用户"StuService"对 DB_StuServices 数据库中 TB_Student 表的新和删除权限，T-SQL 代码如下：

```
DENY DELETE,UPDATE ON TB_Student TO StuService
```

使用 T-SQL 语句撤销用户"StuService"对 DB_StuServices 数据库中 TB_Student 表的添加权限，T-SQL 代码如下：

```
REVOKE INSERT ON TB_Student FROM StuService
```

使用 T-SQL 语句撤销用户"StuService"在 DB_StuServices 数据库中可以创建表的权限，T-SQL 代码如下：

```
REVOKE CREATE TABLE FROM StuService
```

2．数据库备份与还原

（1）备份数据库

要求把 DB_StuServices 数据库完整备份到 D 盘的 DBbackup 的文件夹下，保存的备份文件名为 BK_StuService.bak，T-SQL 命令如下：

```
BACKUP DATABASE DB_StuServices TO DISK='D:\DBbackup\BK_StuService.bak'
```

（2）还原数据库

1）先删除数据库，T-SQL 代码如下：

```
USE master
GO
DROP DATABASE DB_StuServices
```

2）使用 T-SQL 语句把 D 盘 DBbackup 文件下的 BK_StuService.bak 文件还原为数据库"DB_StuService_New"，T-SQL 代码如下：

```
RESTORE DATABASE DB_StuService_New FROM DISK='D:\DBbackup\BK_StuService.bak'
```

8.4.5 任务训练与检查

1．任务训练

1）根据学生公共服务平台的物理设计，创建系统的数据表，并设置完整性。

2）根据实际要求，编写 T-SQL 语句，为每张数据表添加 4 条以上记录。

3）根据实际业务要求，为系统设计 8 个查询需求、创建 2 个索引，2 个视图、2 个存储过程及触发器，要求涉及统计查询、多表查询、子查询等相关知识，并编写 T-SQL 语句。

4）根据实际要求，编写 T-SQL 语句，创建以自己名字命名的登录用户、数据库用户，并分配相关权限。

5）根据实际要求，编写 T-SQL 语句，备份数据库，并还原以自己名字命名的数据库。

2．检查与讨论

1）任务实施情况检查和评价。根据任务描述与要求，小组成员互查，提出问题并讨论。

2）基本知识（关键字）讨论：数据库优化和数据库安全。

3）讨论数据库索引设置原则，系统中哪些功能可以用存储过程实现？

小结

1. 数据库需求分析：需求分析方法、功能模块图、数据流图及数据字典。
2. 数据库概念结构设计：标识实体、属性、联系，设计局部和全局 E-R 模型图。
3. 数据库逻辑结构设计：把 E-R 模型根据规则转换为关系模型，并进行规范化处理。
4. 数据库存储结构设计：用关系模型实现 SQL Server 2019 关系数据库。

课外作业

一、选择题

1. 数据流图（DFD）是用于数据库设计过程中（　　）阶段的工具。
   A．可行性分析　　　B．需求分析　　　C．概念结构设计　　　D．逻辑结构设计
2. E-R 模型图是数据库设计的重要工具之一，它包括用于建立数据库的（　　）。
   A．概念模型　　　B．逻辑模型　　　C．结构模型　　　D．物理模型
3. 在数据库的概念设计中，最常用的数据模型是（　　）。
   A．形象模型　　　B．物理模型　　　C．逻辑模型　　　D．实体联系模型
4. 在关系数据库设计中，设计关系模式是（　　）的任务。
   A．需求分析阶段　　B．概念设计阶段　　C．逻辑设计阶段　　D．物理设计阶段
5. 若两个实体之间的联系是 1∶N，则实现 1∶N 联系的方法是_____。
   A．在"N"端实体转换的关系中加入"1"端实体转换关系的码
   B．将"N"端实体转换关系的码加入到"1"端的关系中
   C．在两个实体转换的关系中，分别加入另一个关系码
   D．将两个实体转换成一个关系
6. 从 E-R 模型向关系模型转换时，一个 M∶N 联系转换为关系模式时，该关系模式的关键字是（　　）。
   A．M 端实体的关键字　　　　　　B．N 端实体的关键字
   C．两端实体关键字的组合　　　　D．重新选取其他属性
7. 关系数据规范化是为解决关系数据中（　　）问题而引入的。
   A．插入、删除和数据冗余　　　　B．提高查询速度
   C．减少数据操作的复杂性　　　　D．保证数据的安全性和完整性

二、填空题

1. 数据库设计的 6 个阶段包括（　　）、（　　）、（　　）、（　　）、（　　）和（　　）。
2. "为哪些表，在哪些字段上，建立什么样的索引"这一设计内容属于数据库设计中的（　　）设计阶段。

3．1NF、2NF、3NF 之间，相互是一种（　　　　）关系。
4．实体之间的联系有（　　　）、（　　　）、（　　　）3 种。
5．如果两个实体之间具有 $N:N$ 联系，将它们转换为关系模型的结果是存在（　　　　）个关系。
6．E-R 模型是对现实世界的一种抽象，它的主要成分是（　　　　）、联系和（　　　　）。

三、简答题

1．简述数据库设计的内容和步骤。
2．概念结构设计主要包含哪些内容？
3．逻辑结构设计主要包含哪些内容？
4．简述关系模式的规范化过程。

四、实践题

1．某大学实行学分制，学生可根据自己的情况选修课程。每名学生可同时选修多门课程，每门课程可由多位教师讲授，每位教师可以讲授多门课程。若每名学生有一位教师导师，每个教师指导多名学生。请根据题意画出 E-R 模型图，并表明实体之间的联系类型。然后再将 E-R 模型图转换为关系模式，实体与联系的属性可自行确定。

2．某医院病房计算机管理中需要如下信息：
科室：科室名、科室地址、科室电话、医生姓名；
病房：病房号、床位号、所属科室名；
医生：姓名、职称、所属科室名、年龄、工作证号；
病人：病历号、姓名、性别、诊断、主管医生、病房号；
其中，一个科室有多个病房、多个医生，一个病房只能属于一个科室，一个医生只能属于一个科室，但可以负责多个病人的诊治，一个病人的主管医生只能有一个。要求完成如下数据库设计：
① 设计该计算机管理系统的 E-R 模型图；
② 将该 E-R 模型图转换为关系模型结构；
③ 指出转换结果中每个关系模式的候选码。

3．在学校管理中，设有如下实体：
学生：学号、姓名、性别、年龄、所属教学部门、选修课程名；
教师：教师号、姓名、性别、职称、讲授课程号；
课程：课程号、课程名、开课部门、任课教师号；
部门：部门名称、电话、教师号、教师名。
上述实体中存在如下联系：一个学生可选修多门课程，一门课程可被多名学生选修。一个教师可讲授多门课程，一门课程可被多名教师讲授。一个部门可有多名教师，一个教师只能属于一个部门。请完成如下数据库设计工作：
① 分别设计学生选课和教师任课两个局部 E-R 模型图；
② 将两个局部 E-R 模型图合并成一个全局 E-R 模型图；
③ 将全局 E-R 模型转换为等价的关系模型所表示的数据库逻辑结构。

参 考 文 献

[1] 陈竺，龚小勇. 关系数据库与 SQL Server 2012 [M]. 3 版. 北京：机械工业出版社，2018.

[2] 黄崇本，韦存存. SQL Server 数据库技术及应用 [M]. 2 版. 大连：大连理工大学出版社，2018.

[3] 黄能耿，黄致远. SQL Server 2016 数据库应用与开发[M]. 北京：高等教育出版社，2017.

[4] 苏布达，迎梅，欧艳鹏. SQL Server 2012 任务化教程[M]. 北京：中国铁道出版社，2017.

[5] 郑阿奇. SQL Server 实用教程：SQL Server 2014 版[M]. 4 版. 北京：电子工业出版社，2015.

[6] 刘玉红，郭广新. SQL Server 2012 数据库应用案例课堂[M]. 北京：清华大学出版社，2016.

[7] 许春勤. SQL Server 数据库项目实践教程[M].北京：北京理工大学出版社，2017.

[8] 向隅，刘世荣，邱惠芳. SQL Server 2012 数据库原理及应用[M].北京：北京邮电大学出版社，2017.